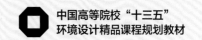

中国高等院校"十三五"
环境设计精品课程规划教材

Soft Furnishing Design and Project Management

室内软装设计与项目管理

刘斌　陈国俊　罗凌 / 编著

中国青年出版社

图书在版编目（CIP）数据

室内软装设计与项目管理 / 刘斌，陈国俊，罗凌编著. — 北京：中国青年出版社，2019.6（2024.8重印）

中国高等院校"十三五"环境设计精品课程规划教材

ISBN 978-7-5153-5632-7

I.①室… II.①刘… ②陈… ③罗… III.①室内装饰设计—高等学校—教材 IV.①TU238.2

中国版本图书馆CIP数据核字（2019）第109911号

侵权举报电话

全国"扫黄打非"工作小组办公室　　　中国青年出版社

010-65212870　　　　　　　　　　010-59231565

http://www.shdf.gov.cn　　　　　　　E-mail: editor@cypmedia.com

中国高等院校"十三五"环境设计精品课程规划教材
室内软装设计与项目管理

编　　著：	刘斌　陈国俊　罗凌
出版发行：	中国青年出版社
社　　址：	北京市东城区东四十二条21号
电　　话：	010-59231565
传　　真：	010-59231381
网　　址：	www.cyp.com.cn
编辑制作：	北京中青雄狮数码传媒科技有限公司
责任编辑：	张军
助理编辑：	杨佩云　石慧勤
书籍设计：	邱宏
印　　刷：	天津融正印刷有限公司
规　　格：	787mm×1092mm　1/16
印　　张：	9
字　　数：	158千字
版　　次：	2019年8月北京第1版
印　　次：	2024年8月第6次印刷
书　　号：	ISBN 978-7-5153-5632-7
定　　价：	49.80元

如有印装质量问题，请与本社联系调换
电话: 010-59231565
读者来信: reader@cypmedia.com
投稿邮箱: author@cypmedia.com

preface

　　"室内软装设计"是高等学校环境设计专业课程，通过本课程的学习，可以使得学生对室内软装设计，特别是软装设计的概念、发展、意义、实施和管理有一个系统、清晰的认识。并且通过室内软装设计理论学习和项目设计实践的解析，掌握软装设计的设计要素、设计流程、招投标流程、方案设计与文本制作，以及设计理念和要素选择、产品采购制作、项目管理与布场等内容的设计原则和实施方法，为软装项目操作和实施奠定扎实的基础。

　　本书本着实用、系统、翔实、创新的原则，力求全面体现艺术设计类教材的特点。全书图文并茂，案例新颖，集理念性、知识性、实践指导性、启发性与创新性于一体。同时在传统理论教材模式的基础上有所突破，更加贴近学生的阅读习惯和学习特点，以培养学生的求知和专业项目实践能力。

　　本书在编写的过程中参考了大量的图片和文字资料，依据国内优秀室内设计师作品、高端地产样板间和酒店公寓软装设计与实施内容，详细解析软装装饰产业链全过程。在此感谢参加本教材编写的一线教师和一流的软装设计公司设计总监们辛勤的劳动。感谢湖北经济学院陈国俊老师和顾琛老师，武汉尚美饰家装饰有限公司设计总监罗凌先生和主设计师周业森先生，武汉华信装饰设计有限公司设计总监雷慧的鼎力合作和技术支持。感谢武汉尚美饰家装饰有限公司CEO汪鸿先生等提供的设计案例和图片。

编者　刘斌

contents

目录

第 1 章 \ 认知室内软装

1.1 **什么是软装** 008
 1.1.1 背景 008
 1.1.2 软装简介 008
 1.1.3 软装的特点 008
 1.1.4 软装的作用 009

1.2 **软装专业的发展及职业定位** 010
 1.2.1 软装的历史与发展 010
 1.2.2 全球著名的软装展览会 012
 1.2.3 软装设计师职业介绍 014
 1.2.4 软装设计师主要工作领域 016
 1.2.5 软装设计师七大具备条件 016

第 2 章 \ 室内软装概述

2.1 **欧式风格** 018
 2.1.1 古典主义风格 018
 2.1.2 新古典主义 019
 2.1.3 地中海风格 020
 2.1.4 北欧风格 020

2.2 **美式风格** 022

2.3 **现代主义风格** 022

 2.3.1 现代主义风格 022
 2.3.2 艺术装饰（Art Deco）风格 023

2.4 **中式风格** 024
 2.4.1 中式古典风格 024
 2.4.2 新中式风格 025

2.5 **其他设计风格** 026
 2.5.1 东南亚风格 026
 2.5.2 日式风格 027

第 3 章 \ 软装设计的元素

3.1 **色彩搭配基础及流行趋势** 028
 3.1.1 色彩的属性 028
 3.1.2 色彩配色系统 029
 3.1.3 色彩搭配构成 030
 3.1.4 色彩搭配氛围 032
 3.1.5 流行色搭配应用 033

3.2 **家具设计及定制流程** 035
 3.2.1 家具风格的分类 035
 3.2.2 家具材质和类型的选择 037
 3.2.3 家具品牌的选择 040
 3.2.4 定制家具的流程 042
 3.2.5 常用的家具尺寸范围 045

3.3 灯具与灯光设计 047

3.3.1 灯具风格分类 047
3.3.2 灯具材质分类 047
3.3.3 灯光设计基础 048
3.3.4 照明的方式 050
3.3.5 不同空间的灯光设计 052

3.4 布艺面料 053

3.4.1 布艺面料和工艺种类 053
3.4.2 布艺设计要点 054
3.4.3 窗帘的组成和分类 054
3.4.4 窗帘设计要点 056
3.4.5 床上用品分类与面料 056

3.5 地毯 057

3.5.1 地毯材料分类 057
3.5.2 地毯铺设方式 059

3.6 壁纸 060

3.6.1 壁纸分类和材料 060
3.6.2 壁纸的面层工艺 061

3.7 花艺绿植 062

3.7.1 花艺绿植的类型 062
3.7.2 花器的分类 062
3.7.3 花艺绿植的搭配方法 063
3.7.4 不同空间的花艺绿植 064

3.8 装饰画 067

3.8.1 装饰画的种类 067
3.8.2 画框材质与装裱 068
3.8.3 装饰画的搭配方法 068
3.8.4 装饰画布置方式 070

3.9 饰品摆件 071

3.9.1 饰品摆件的种类 071
3.9.2 不同空间的饰品搭配方式 072

第 4 章 \ 软装设计准备工作

4.1 设计准备工作 074

4.1.1 软装项目分类 074
4.1.2 住户生活方式调查 074
4.1.3 现场勘察与分析 077

4.2 设计招标文件解读 078

4.2.1 招标基本知识 078
4.2.2 软装招标文件 078
4.2.3 软装招标任务书 078

4.3 设计启动工作 081

4.3.1 软装项目立项会议 081
4.3.2 设计答疑及案例 081
4.3.3 软装意向解析 083

4.4 户外空间软装界定和案例 084

4.4.1 户外软装空间的界定 084
4.4.2 庭院软装设计案例 085

第 5 章 \ 软装设计理念和空间布局

5.1 设计资料收集 086

5.1.1 对标竞争作品 086
5.1.2 对比甲方以前软装成果 086
5.1.3 行业优秀作品调研 087
5.1.4 设计素材收集与提炼 087

5.2 构建设计理念 088

5.2.1 设计理念创新 088
5.2.2 搭建美好生活 088
5.2.3 风格引导生活 088
5.2.4 诠释地域文化 089

5.3 设计要素与选择 090

5.3.1 以产品品牌和成本为依据 090

5.3.2 以主题为依据的要素选择 090

5.3.3 以风格为依据的要素选择 092

5.4 软装空间布局与设计 094

5.4.1 空间布局原则 094

5.4.2 空间布局优化 095

5.4.3 人体工程学应用 096

5.4.4 软装物料板制作 098

第 6 章 \ 方案本制作与汇报

6.1 方案本版面设计 100

6.1.1 总体版面设计 100

6.1.2 主设计区版面设计 101

6.1.3 摆放位置索引 102

6.1.4 与场景图片结合 103

6.1.5 三维空间表现形式 103

6.2 方案文本编制体系 105

6.2.1 封面 105

6.2.2 设计主题 105

6.2.3 设计定位 106

6.2.4 平面布局图 106

6.2.5 硬装效果图 106

6.2.6 空间明细设计图 106

6.3 软装预算清单制作 108

6.3.1 软装预算清单制作 108

6.3.2 软装预算清单注意事项 108

6.4 设计投标 108

6.4.1 投标环节 109

6.4.2 开标环节 110

6.4.3 定标 110

6.5 汇报方案案例 110

第 7 章 \ 软装产品制作和管理

7.1 软装产品采购与制作 114

7.1.1 家具采购与材料样板制作 114

7.1.2 窗帘和壁纸采购 115

7.1.3 灯具采购 117

7.1.4 地毯采购与定制 118

7.1.5 装饰画采购 118

7.1.6 饰品采购 119

7.2 软装产品生产部门沟通 119

7.2.1 面料材料供应商沟通 119

7.2.2 产品制作工厂沟通 119

7.2.3 硬装单位沟通 120

7.3 家具产品质量检控 120

7.3.1 家具生产环节检控 120

7.3.2 家具成品检查反馈 120

7.4 软装产品变更采购 121

7.4.1 产品造型变更 121

7.4.2 近似产品替换 121

第 8 章 \ 软装摆场和交接

8.1 软装摆场前准备工作   **122**

    8.1.1 货品验货   122

    8.1.2 货品标记   122

    8.1.3 货品物流   122

    8.1.4 现场准备工作   122

    8.1.5 制作摆场手册   122

8.2 现场摆场步骤   **124**

    8.2.1 窗帘灯具进场   124

    8.2.2 家具摆场   124

    8.2.3 饰品床品摆场   124

    8.2.4 装饰画挂饰和花艺摆场   124

    8.2.5 现场清洁和地毯摆场   124

    8.2.6 现场核对和效果调整   124

8.3 软装摆场注意事项   **124**

    8.3.1 摆场注意事项   124

    8.3.2 软装摆场的现场协调   125

8.4 项目交接和总结   **126**

    8.4.1 项目交接清单   126

    8.4.2 软装成果汇报   126

    8.4.3 项目效果整改   127

    8.4.4 项目验收   128

    8.4.5 项目总结   128

第 9 章 \ 室内软装案例

9.1 酒店、会所软装设计案例   **130**

    9.1.1 酒店软装设计   130

    9.1.2 会所软装设计案例   133

9.2 样板间、别墅软装设计案例   **135**

    9.2.1 新中式风格样板间软装案例   135

    9.2.2 现代轻奢风格样板间软装案例   139

    9.2.3 女性主题样板间软装案例   140

    9.2.4 "中国年画"配色样板间软装案例   141

    9.2.5 别墅软装设计案例   143

1

第1章 认知室内软装

1.1 什么是软装

1.1.1 背景

软装设计的起源是由美国妇女组织发起"让家更艺术，让爱人爱上回家"活动。通过此初衷，1877年开始产生软装设计。

中国的现代软装于2007年开始出现，由于国内室内设计行业起步较晚，重心仍旧停留在建筑与空间结构上面，对于高端业主群体的室内软装需求、设计要求难以满足，于是专门细分出一个全新的行业，即软装设计。

随着中国经济的快速发展，人民生活水平的日益提高，大众对于提高居住环境的需求越来越明显，室内精装修项目不断井喷，软装市场行业逐步发展壮大。

1.1.2 软装简介

软装即软装修、软装饰，与硬装相对应。空间主体结构设计称为硬装，软装是设计师对建筑内部所做的进一步细化处理。

软装设计也称为配饰设计或者陈设设计，主要是延续室内统一的设计风格，帮助业主选择并搭配好室内装饰需要的家具、饰品等元素，对室内空间进行二次陈设与布置，实现"空间""人""物"的协调与舒适。

室内空间是不变的，但是功能、主题和风格是可变的，把简单的空间变成富有情感的空间，是软装设计的主旨。

1.1.3 软装的特点

（1）从项目流程看，软装处于最后一个环节，软装工程结束后，项目全部完工。

（2）从产品功能层面看，软装产品都是可移动的，可以重复使用。

（3）从效果层面看建筑项目一般有建筑外立面、室内功能规划以及软装效果之分。而建筑外观与软装效果尤其重要外观直接吸引人，软装效果是增强人对项目的体验感。通过试坐、触摸、视听等综合感官进行充分体验。

（4）从设计层面看，由于涉及的产品品类繁多，需要对专业设计进行整合。

（5）从产品链来看，软装对采购能力和项目管理能力要求很高。不仅需要设计师的艺术修养，还需要对项目时间周期和采购成本有充分的控制能力。

（6）从物流方面看，软装需要同时将各类产品运输到项目工地并分批次布场，对物流过程的各个控制环节都严格执行。

图1-1 软装效果层面

图1-2 软装设计产品品类繁多

1.1.4 软装的作用

1. 营造意境，创造美好愿景

通过对场景进行情感营造，赋予现实场景一方完整的精神寄托之所。可以根据个人喜好、特殊感情等因素进行不同的软装风格设计。软装设计可以制造出欢快热烈的喜庆气氛、亲切随和的轻松气氛、深沉宁重的庄严气氛、高雅清新的文化艺术气氛等，给人留下不同的印象。

图1-3 室内软装的美学观点

图1-4 营造文化艺术气氛

2. 创造二次空间层次

硬装设计中的墙面、地面、吊顶等围合成一次空间，由于硬装的特性，后期很难改变其形状，可利用室内陈设的方式将空间进行再创造，这种利用软装方式重新规划出的可变空间称为二次空间。利用家具、地毯、绿化、灯光等创造出的二次空间，不仅使空间的使用功能更趋合理，更能让室内空间分割得更富层次感。

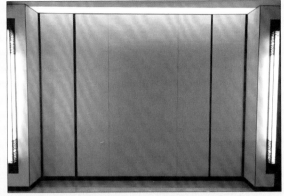

图1-5 软装前室内硬装效果

图1-6 软装二次改造后效果　　图1-7 软装细节效果

3. 强调室内环境风格

软装设计与建筑设计、硬装设计一样，也有不同的风格，如古典主义风格、现代主义风格、中式风格等，合理的整体软装设计对室内环境起着强调作用。因为软装元素的造型、色彩、图案均具有一定的风格特征。

图1-8 后现代奢华风格

图1-9 新中式风格

4. 柔化空间，调节环境色彩

软装设计以人为本，通过软装的方式和手段来柔化空间，增添空间情趣，调节环境色彩，创造出一个富有情感色彩的美妙空间。而家具、织物、植物等丰富的配饰语言介入，无疑会使空间更加柔和，充满生机。

图1-10 软装增加生活情趣

图1-11 软装使空间柔和

1.2 软装专业的发展及职业定位

1.2.1 软装的历史与发展

从人类开始群居于山洞，到现代人们精心挑选房子，人类一直为营造理想居室而不断努力。

新石器时代，人类居住场所大多以山洞为主，在山洞墙面上刻画自己的图腾，以证明山洞归己所有，这些人或动物形态的岩画，便是软装的初始样貌。从新石器时代的居室遗址里，还可以看到修饰精细、坚硬美观的红色烧土地面。

图1-12 新石器时代岩画

中国先秦时期人们的生活习惯以席地而坐，这便使"筵席"成为非常重要的陈设品。"筵"是指铺设于地面用于垫底的竹席，在"筵"上再铺设以竹、苇等材料编制的"席"。主要的家具包括凭几、案、屏风等，同时箱柜类家具开始增多。中国先秦时期的家具类型虽然不多，但家具的功能及装饰都已经非常完善，为中国式家具的发展奠定了基础。

秦汉时期以低矮型家具为主，装饰上多采用漆绘。筵席的材料更加奢侈，如以动物珍贵的皮毛所制成的"毡席"。屏风在汉代有着更丰富的样式。帝王的屏风所用材料是褐黄色的锦，并绣制繁复优美的花卉，镶嵌名贵精致的玉石。秦汉也是中国灯饰发展的高峰期，无论是制作工艺还是品种样式都达到了巅峰。灯饰的材料以铜、铁、玉、陶为主，造型及功能也非常完善，做工相当精致。

图1-13 秦汉时期毡席

魏晋南北朝时期，室内陈设越发奢华，墙壁主要采用"白壁丹楹"及"朱柱素壁"的装饰手法。在宫廷中较奢华的场所，出现以柏木板装饰墙壁的手法，并在其他一些如楹、梁、柱等细节部分采用雕刻及镶金。带有佛教装饰及西域特色的家具也在魏晋时期开始增多，如便于折叠的"胡床"及无法折叠的"绳床"。

图1-14 魏晋南北朝时期家具

隋唐五代时期"帘"的运用更加普遍，"床"的陈设地位愈发重要，而床的名称及使用功能依旧很宽泛，有坐卧、承载器物等较丰富的功能。作息方式是席地而坐与垂足而坐，如"绳床""胡床"等一些符合垂足而坐的家具逐渐发展成"椅子"，同时出现有靠背椅、圈椅等。唐朝时，还将唐三彩、邢窑白瓷、越窑青瓷运用于灯饰。

图1-15 隋唐时期室内软装

宋代软装艺术发展至顶峰，逐渐融入了普通百姓的日常生活中，并对后世的室内陈设产生了深远影响，更诞生了宋代的"文人四雅"即焚香、品茗、插花、挂画的软装装饰。当时的家具以简洁、轻便著称，易于搬运，陈设的布局功能也更加完善。宋元织物的规模、种类及装饰呈现出前所未有的盛况。丝织品出现了缎纹地织就花纹以及"锦上添花"的新织法，并在织锦中加入金线。另外，缂丝是当时最具代表性的织物种类；刺绣也呈现出更加丰富的种类；宋代陶瓷成为中国陶瓷艺术的最高峰，青花瓷器则在元代高度繁荣。

图1-16 宋代室内软装

明清时期，民间的装饰艺术呈现出多元化，室内陈设呈现出丰富多样的面貌。比例较大的案、床及立柜是室内陈设相对固定的内容，一般不会移动。桌椅之类则可根据场合的不同自由灵活地布置。如在厅堂，核心位置摆放屏风，或者在屏壁上悬挂水墨立轴，左右各设一副对联，依据空间的使用目的以及季节随机更换。下方设有翘头案，上方陈设瓶器、奇石、古玩等。明代家具是中国家具发展的成熟期，无论是家具的制作工艺还是装饰特点均达到较高水平。

图1-17　明清时期室内软装

在西方，古希腊的制陶与金属工艺十分兴盛，制陶装饰方法有黑绘式彩绘和红绘式彩绘。金属工艺中最出色的是青铜工艺，常常制造精美的器皿置于室内，其装饰前期多为抽象的几何纹样，后期为写实图形，内容多为神话故事。虽然古希腊已有了多种家具，但因当时的住宅都很小，所以室内软装中只有少量必需的家具，一般的生活用品大多挂在墙壁上，形成一种简朴的室内软装设计风格。

图1-18　古希腊时期器皿

古罗马的工艺美术品和室内软装设计品种类丰富，技艺精湛，其中以银器工艺的成就最为突出，制作精致华美，其装饰纹样大多采用浮雕法。银烛台是当时室内必备的陈设。古罗马家具带有奢华风，如在铜质仿木家具中装饰模铸的人物、动物和植物等图案，在座椅、长榻等家具的表面饰以华丽的织物。此外，玉石工艺、象牙雕刻、陶器工艺和染织工艺等都有成就，成为当时室内重要的软装制品。

图1-19　古罗马时期家具

中世纪最普遍的家具是箱柜，方便搬运。金属工艺尤其是贵金属工艺相对发达。金属、珐琅和宝石结合运用，多用作装饰祭坛、遗物箱、十字架和圣书书函，其宗教性质很强。织物工艺壁毯的装饰占有重要地位，教堂、邸宅内流行壁毯装饰，初期主要采用基督教的象征性图形，后来出现了各种鸟兽纹样和宗教人物形象，以及较大场面的历史故事等。

文艺复兴开始发展出巴洛克风格、新古典主义、现代主义、后现代主义等风格。

进入21世纪后，软装发展更加醇熟与个性化，各种软装产品百花齐放，装饰风格多种多样，专业软装设计师开始为客户定制产品，遵循不同地域文化、人文生活和相关的元素进行设计。

软装发展史是一个漫长的过程，见证了科技发展与文化传承。而且每个时代的软装特色都是依据当下大众审美而进行的装饰，每一个时代，都独具魅力与风韵。

1.2.2　全球著名的软装展览会

（1）意大利米兰国际家具展览会，是世界三大家具展览之一，是全世界家具、家居、建筑设计的年度"盛会"，世界顶级建筑师、设计师的作品均会展现。

图1-20 意大利米兰国际家具展会

图1-21 意大利米兰国际家具展会现场

（2）德国科隆国际家具及室内装饰展览会，专注为全球家具及室内装饰行业提供辅助材料及相关机械设备，探索未来生活方式的发展趋势，基于艺术基础上的工艺提升等。

图1-22 德国科隆国际家具展览会

图1-23 德国科隆国际家具展览会现场

（3）日本东京家具展览会IFFT是国际性家具展会，也是亚洲最专业、最大的家具展。日本高端家具内饰市场的领先展会之一，主要是"家具、室内装饰+住宅、建筑"一站式家居盛会。

图1-24 日本东京家具展览会IFFT

图1-25 日本东京家具展览会现场

（4）美国拉斯维加斯国际家具及家居装饰展览会，一年两届，每年分冬和夏两季举行，是美国西部最著名的家具展览会。展示4,200多个行业品牌、500,000种家具和家居类产品、前卫设计、装饰设计等。

图1-26　美国拉斯维加斯国际家居装饰展览会

（5）法国巴黎国际时尚家居设计展览会，誉为全球家居装饰设计第一展。其作为欧洲三大著名博览会之一，巴黎家居装饰展的最大特点在于它能够及时展现国际家居装饰界的最新动态，欣赏到专业人员发布的家居时尚潮流趋势。

图1-27　法国巴黎国际时尚家居设计展览会

图1-28　法国巴黎国际时尚家居设计展览会现场

（6）美国高点家具及家居装饰展览会始于1913年，每年两届，分别在当年的四月与十月举行，三大世界家私博览会之一，世界上现存前史最悠久家私博览会，比意大利米兰世界家私博览会还早了50多年。传言说：在高点展买不到的，就是不存在的。

图1-29　美国高点家具及家居装饰展览会

图1-30　美国高点家具及家居装饰展览会现场

1.2.3　软装设计师职业介绍

软装设计师是给有生活要求且爱生活的人进行设计生活和沟通生活的人们。他们是在浩瀚的家居用品中进行有效合理地挑选和组合，主要工作任务有：第一是产品的整合，第二是掌握工作流程，第三是理清设计流程。

软装设计师是空间策划师，需要有文化的积淀、生活的洞察力、空间的理解力、产品的选择力、空间的布局能力和空间的演示力。

设计师需要有生长性思维，以风格和色彩为纲领，确定方向；具有规划与设计的能力，对元素进行考究，以家具为骨骼，满足功能；以布艺和壁纸为肌肤，柔滑空间；以灯具灯光为血液，激活整体；以饰品为灵魂，叙述主题；以花艺为点缀，追求品位，用五感创造空间。

设计师能够对物料落实，成果展现和对美的无限追求。

图1-31 软装设计师职业能力介绍

1.2.4 软装设计师主要工作领域

（1）与硬装设计公司和建筑公司合作，为整体项目提供软装设计和后期采购配套服务。

（2）与软装用品生产企业合作，进行软装产品的研发、生产、营销、服务。

（3）与房地产开发企业、酒店管理企业等室内环境直接使用方合作，进行定期的软装设计服务和顾问工作。

（4）担任卖场的特约顾问，为卖场提供整体空间的陈设展示服务。

（5）担任艺术行业、媒体行业的场景布置和环境设计的顾问工作。

（6）创造自己的软装品牌，为有需要的业群提供必要的服务。

图1-32 软装公司办公环境　　图1-33 设计师场景布置

1.2.5 软装设计师七大具备条件

1. 拥有完整的环境、建筑、室内装饰设计能力

软装设计是室内空间的衬托，室内空间是建筑景观的延伸，建筑与景观又是整个自然环境的有机组成部分。由宏观到微观，环境、建筑、室内空间与软装组成一脉相承的设计整体。只有了解这些领域设计的理念，才能发现设计理念的共同点，从而造就一套完整并且协调的居住环境。

2. 拥有深厚的美学基础及文化艺术修养

软装设计师要有一定的美学基础与审美水准，能够发现美感并创造美感。同时，具有一定的艺术修养，并懂得一定的地方文化差异，能熟知和掌握各种装饰风格的设计原理，在作品中灵活的把握各种风格的文化元素。还要有丰富的生活体验，能够抓住国际最新设计资讯询，引领时尚设计潮流。

图1-34 丝绸之路主题软装与成品人物场景演绎

3. 熟知软装搭配的多维应用技法

软装设计师必须掌握娴熟的搭配技法，深谙室内空间与色彩、风格、灯光的应用关系。通过风格表达设计的性格特点；通过色彩表达空间的情绪；通过灯光营造艺术的情感，通过花艺等营造生命的气息。通过各类元素的多维应用，构造属于业主自己的心灵空间。

图1-35 风格表达设计的性格特点

图1-36 色彩表达空间的情绪

图1-38 花艺营造生命的气息

图1-37 灯光营造艺术的情感

4. 拥有一定的沟通交流和设计解说能力

软装设计师需要具有沟通能力，引导业主发现生活环境所带来的美感，引导业主的感官，保证自己的设计构思尽可能地不受到质疑和修改，最终帮助业主确定最适合自身的装饰效果。

5. 拥有各种家居类产品及设计施工的基础知识

软装设计师要非常了解市场上家居类产品的材质、尺寸、形态、风格以及文化背景，并且要对施工原理有一定了解。能在丰富的产品中找到最适合自己作品的配饰元素；同时，扎实丰富的经验能提高工作效率，并保证设计的可执行性。

6. 拥有良好的个人修养和持续深造的专业品质

软装设计师要保持谦虚谨慎的特质，多听、多看、多感受，注重个人修养与专业深造，这就是软装设计师提升水平的唯一途径。

7. 具备一定的市场营销能力

软装设计不是纯粹的艺术，而是艺术与商业的平衡之舞。软装设计师必须具备一定的营销能力才能在保证设计作品质量的基础上，实现作品成为现实，才能更好地生存与发展。

第2章 室内软装概述

室内软装设计风格形成于不同时代，具有不同的地区特色。通过创作逐步发展成为具有代表性的设计形式，具有艺术、文化和社会发展等深刻的内涵。风格本质在于艺术家对审美独特鲜明的表现，是一种感受、一种心态、一种生活方式，它源于生活，高于生活。

理论家M·金兹伯格提道："风格充满了模糊性，我们经常把区分艺术的最精致入微的差别的那些特征称为风格，有时我们又把整整一个大时代或者几个世纪的特点称作风格。"因此，风格与流派的名称和分类不能作为定论，只是作品之间有相同的特征。

2.1 欧式风格

2.1.1 古典主义风格

1. 罗马风格

欧洲在古罗马时代开始，室内装饰转向奢华。古罗马建筑是由教堂建筑演化而来，室内窗少、阴暗，因此多采用浮雕、雕塑来体现庄重美和神秘感。

室内将拱形设计巧妙地融入装饰空间，充分展现功能性和装饰性兼备的效果。古罗马家具从古希腊演化而来，厚重、装饰复杂而精细，全部由高档的木材镶嵌美丽的象牙或金属装饰打造而成；家具造型参考建筑特征。

图2-1 罗马风格楼梯

图2-2 罗马风格木雕楼梯

2. 哥特式风格

哥特式风格兴起于12—13世纪欧洲的法国北部伊尔·德·法兰西地区城市主教堂，14世纪中叶流传于整个欧洲。哥特式风格是对罗马风格的继承，直升的线形，体量急速升腾的动势，奇突的空间推移是其基本风格。

建筑内部采用交叉肋拱，高大的窗户上镶着彩色玻璃，称之为玫瑰天窗，阳光透射到教堂内，与祭坛上的金银器皿、鲜花、十字架和烛光交相辉映，使教堂更显得富丽、威严，便于控制人的思想。窗格花式、彩色玻璃、亚麻布装饰等为营造了神秘的宗教气氛。窗饰喜用彩色玻璃镶嵌，色彩以蓝、深红、紫色为主，富有斑斓精巧迷幻的感觉。

图2-3 哥特式风格室内窗饰

图2-4 哥特式风格室内软装

3. 巴洛克风格

巴洛克风格既有宗教的特色又有享乐主义的色彩，是一种激情的艺术。运动与变化是巴洛克艺术的灵魂，主要特色是强调力度、变化和动感，强调建筑绘画与雕塑以及室内环境的综合性，使用各色大理石、宝石、青铜、金等装饰。

图2-5 巴洛克式风格软装

图2-6 巴洛克式风格软装

4. 洛可可风格

法国路易十五时期，欧洲的贵族艺术发展到顶峰，并形成了以法国为发源地的"洛可可"家居装饰风格，一种以追求秀雅轻盈，显示出妩媚纤细特征的法国家居风格。

相对于巴洛克更细腻、优雅。图案小而精美，色彩有象牙白、金色，明快柔和却富丽豪华。地面用镶木地板、大理石或彩色瓷砖铺设，地毯在当时还是极为稀有的奢侈品，只有极少数使用地毯装饰地面。

图2-7 洛可可风格室内软装

图2-8 洛可可风格室内软装

2.1.2 新古典主义

新古典主义风格是通过改良古典主义形成的欧式风格。兴起于18世纪的罗马，并迅速在欧美地区扩展的艺术运动。新古典主义一方面起于对巴洛克和洛可可艺术的

反动，另一方面则是希望以重振古希腊、古罗马的艺术为信念。其软装十分注重装饰陈列效果，用具有历史文脉特色的室内陈设品来增强古典气质；在考虑对称性前提下，充分考虑人体舒适度；家具多采用向下部逐渐变细的直线腿，点缀性采用希腊的精美镶嵌和镀金工艺；座椅上一般装有软垫和软扶手靠，椅靠多为矩形、卵形和圆形，顶点有雕饰。

图2-9 法式浪漫主义风格玄关方案

图2-10 法式浪漫主义风格客厅方案

图2-11 法式浪漫主义风格客厅电视墙方案

图2-12 法式浪漫主义风格餐厅方案

图2-13 法式浪漫主义风格卧室方案

图2-14 法式浪漫主义风格书房方案

2.1.3 地中海风格

地中海风格是发端于地中海沿岸国家，以蓝和白为主色调的装饰风格，配以蓝紫色、红褐色、土黄色等其他色彩。材质多用棉织物、原木、植物编织、铁艺、鹅卵石和马赛克。纹样以低彩度条纹、格子图案居多，植物纹样广泛应用。

图2-15 地中海风格客厅

图2-16 地中海风格书房

图2-17 地中海风格卧室

2.1.4 北欧风格

北欧风格一般指20世纪50年代从丹麦、挪威、瑞典和芬兰兴起的设计风格。

北欧风格注重功能、追求理性，讲究简洁明朗的颜色，淡雅清爽的自然材质。经常使用鲜亮色系，如薄荷绿、柠檬黄。

家具造型以矩形，配以棱角微弧度，家具配件不会刻意添加装饰感。多采用开放漆和半开放漆，保留自然木纹。通过低矮家具创造空间的开阔。

图2-18　北欧风格客厅方案

图2-19　北欧风格客厅现场效果

图2-20　北欧风格餐厅方案

图2-21　客餐厅整体效果

图2-22　北欧风格主卧方案

图2-23　北欧风格主卧现场效果

图2-24　北欧风格儿童房方案

图2-25　北欧风格儿童房现场效果

图2-26　北欧风格书房方案

图2-27　北欧风格书房现场效果

第2章
室内软装概述

2.2 美式风格

美式乡村风格主要起源于18世纪各地拓荒者居住的房子，具有刻苦创新的开垦精神，色彩及造型较为含蓄保守，以舒适机能为导向，兼具古典的造型与现代的线条、人体工学与装饰艺术的家具风格，充分显现出自然质朴的特性。

家具体积庞大，质地厚重，坐垫也加大，彻底将以前欧洲皇室贵族的极品家具平民化，气派而且实用，美式家具的材质以白橡木、桃花心木或樱桃木为主，线条简单。

图2-28 美式乡村风格客厅

图2-29 美式乡村风格餐厅

图2-30 美式乡村风格卧室

2.3 现代主义风格

2.3.1 现代主义风格

现代主义风格注重居室空间的布局与使用功能的完美结合。强调突破旧传统，创造新建筑，注意结构构成本身的形式美，造型简洁，反对多余装饰，崇尚合理的构成工艺，尊重材料的性能，讲究材料自身的质地和色彩的配置效果，发展了非传统的以功能布局为依据的不对称的构图手法。

现代风格可分多种流派：高技派、风格派、光亮派、白色派、超现实派、新洛可可派、解构主义派、光洁派、肌理派、立体派等。

图2-31 现代主义风格客厅方案

图2-32 现代主义风格客厅现场

图2-33 现代主义风格餐厅

图2-34 现代主义风格书房

2.3.2 艺术装饰（Art Deco）风格

艺术装饰风格源自19世纪末的"新艺术运动"，是欧美中产阶级追求的一种艺术风格，它的主要特点是感性的自然界的优美线条，称为有机线条。

同时艺术装饰风格不排斥机器时代的技术美感，机械式的、几何的、纯粹装饰的线条也被用来表现时代美感；色彩运用以明亮且对比强烈的颜色为主，具有强烈的装饰意图。

图2-35 现代主义风格卧室方案

图2-37 艺术装饰风格玄关

图2-38 艺术装饰风格客厅

图2-36 现代主义风格卧室现场

图2-39 艺术装饰风格餐厅

图2-41 中式风格莫兰迪色搭配

图2-40 艺术装饰风格卧室

图2-42 中式风格电视背景墙区域

图2-43 中式风格茶室

2.4 中式风格

2.4.1 中式古典风格

中式古典风格追求一种修身养性的生活境界，室内多采用对称式的陈设方式，格调高雅，造型简朴优美，色彩浓重而成熟。陈设品上，包括字画、匾幅、挂屏、盆景、瓷器、古玩、屏风、博古架等；在装饰细节上，崇尚自然情趣，多用花鸟、鱼虫等艺术元素；工艺上，精雕细琢，富于变化，充分体现出中国传统美学精神。

运用莫兰迪色打造中式风格居室，在低饱和的色彩选择中随意组合搭配出优雅、温柔的感觉。

图2-44 中式风格客餐厅

图2-45 中式风格卧室

图2-48 新中式风格餐厅

图2-46 中式风格卫生间

图2-49 新中式风格卧室

2.4.2 新中式风格

新中式风格是中式元素与现代材质巧妙兼揉的装饰风格，作为古典中式的延续，虚实结合的空间具有纵深感和一些曲径通幽的禅意，采用简单的搭配，体现"宁静致远"的最佳氛围。

图2-50 新中式风格书房

图2-47 新中式风格会客厅

2.5 其他设计风格

2.5.1 东南亚风格

在悠久的文化和宗教的影响下，东南亚风格大量使用土生土长的自然原料，用编织、雕刻和漂染等具有民族特色的加工技法。东南亚风格融入宗教文化元素的风格，用传统的装饰品配上极简主义的功能性家具，打造出一种"禅"意的装饰风格。

图2-51　东南亚风格客厅

图2-52　东南亚风格露台

图2-53　东南亚风格餐厅

图2-54　东南亚风格卧室

图2-55　东南亚风格卧室

图2-56　东南亚风格陈设

图2-57　东南亚风格卧室

2.5.2 日式风格

日式风格体现细腻、融洽以及包容的思想，它素雅宁静、清新自然，能令人心境放松。整个空间的软装贴近自然，重视物品的实用性，同时也寻求简单。过于繁杂的软装会使房间失去纯朴的味道。

图2-58 日式风格客厅

图2-61 日式风格过道

图2-59 日式风格过道

图2-62 日式风格茶室

图2-60 日式风格餐厅

图2-63 日式风格卧室陈设

第3章　软装设计的元素

软装设计的元素主要有色彩、家具、灯具、布艺面料、花艺绿植、装饰画（挂饰或墙面装饰）、饰品与艺术收藏品、家用电器等。在项目实施中，壁纸属于硬装和软装的灰色地带，需要与窗帘和床品进行整体考虑；在选择布艺面料时，家具的部分面料、窗帘、床品和地毯要一同考虑。色彩搭配、材料质地、产品样式是每一个设计要素必须斟酌的因素。

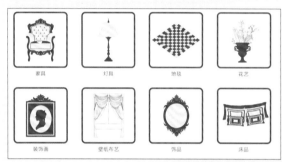

图3-1　软装设计元素

3.1　色彩搭配基础及流行趋势

色彩表达人们的情感和联想，影响人们的心理和生理反应，甚至影响人们对事物的客观理解和看法。色彩是软装设计的关键要素，把握准确的色彩搭配方法决定着作品成功与否。

图3-2　色卡

3.1.1　色彩的属性

1. 色彩要素

色彩三大要素是色相、纯度和明度。

色相：能够比较确切地表示某种颜色色别的名称，如红、黄、蓝等。

纯度：指色彩的纯净程度，表示颜色中所含有色成分的比例。比例越大则色彩纯度越高，比例越低则色彩纯度就越低。

明度：指色彩的明亮程度，如黄色明度最高，蓝紫色明度最低。红色、绿色为中间明度。

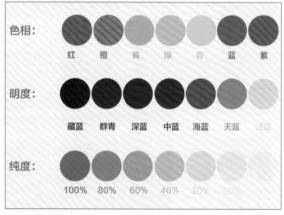

图3-3　色彩要素

色调是指明度和纯度的一个综合概念，把各个色相同纯度和明度的颜色组合，用形容词来表达一种感觉和印象。

2. 暖色与冷色

自然色系可分为极暖色、暖色、中性微暖色、中性微冷色、冷色以及极冷色。橙色是为极暖色；红色、黄色被视为暖色；紫红色、黄绿色被视为中性微暖色；紫色、绿色被视为中性微冷色；蓝紫色、青绿色被视为冷色；蓝色则被视为极冷色。

3. 色环

艺术设计层面里，所有的色彩都是源自"红、黄、蓝"三种原色。红、黄、蓝两两混合后得到三个二级色即"间色"绿、橙、紫。原色与间色混合或间色与间色混合而形成越来越多的颜色，称之为"复色"。

由三种原色、三种间色和六种复色组成的系统统称为十二色环。

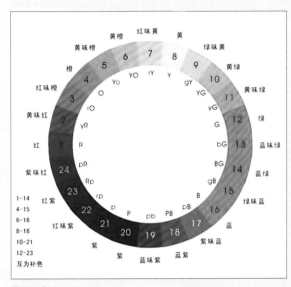

图3-4 色环

3.1.2 色彩配色系统

十二色环巧妙地建立了配色系统。常见色彩配色有：邻近色配色，补色配色，冲突色配色，单色系配色等。

1. 邻近色配色

邻近色配色的优势在于不同的色彩之间存在着相互渗透的关系，视觉上和谐流畅。例如，红－红橙－橙，黄－黄绿－绿，蓝－蓝紫－紫等均为类似色。类似色配色在同一个色调中可制造丰富的质感和层次。

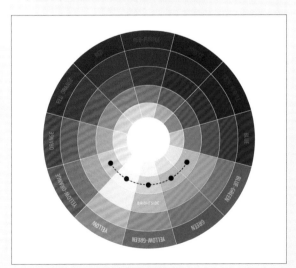

图3-5 邻近色

图3-6 邻近色配色

2. 补色配色

色环上相对的两种颜色，被称为互补色。比如蓝色和橙色、红色和绿色、黄色和紫色等。互补色有非常强烈的对比度，在颜色饱和度很高的情况下，可以创建出十分震撼的视觉效果。互补色搭配需要注意相配两色间的主从关系，即主色若纯度高，从色纯度应低；若主色明度高，从色明度一定应低；如果主色面积大，从色面积就要小，这样搭配的效果容易调和。

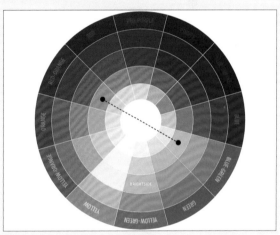

图3-7 补色

图3-8 补色配色

3. 冲突色配色

冲突色配色是软装配色中较为复杂的一种。冲突色配色所用的颜色不是垂直对应的，而是把一种颜色与它垂直对应的补色左右临近的颜色进行搭配，犹如三角形一样，是一种三向配色的方法。

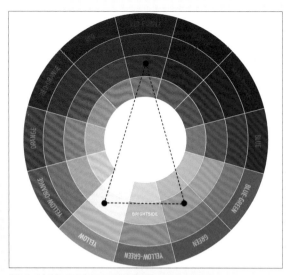

图3-9 冲突色

图3-11 单色系搭配

3.1.3 色彩搭配构成

整体色彩搭配分为四大色块——背景色、主题色（主角色）、配角色和点缀色，四种颜色随着色相、纯度、明度、面积和各种不同的组合给设计带来不同的变化。

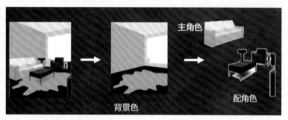

图3-12 色彩搭配剖析图

图3-13 色彩搭配构成

图3-10 冲突色配色

4. 单色系配色

用一种颜色的不同明度进行配色。合理运用明度的变化和不同材质的组合搭配可以营造出独特的单色系。

1. 背景色

空间原有色彩，基本不可变化的部分，主要指墙面、地面、天花等，占整个空间70%的面积。背景色与主角色是对比色关系时，色相差越大，空间感觉越有张力；背景色与主角色是相邻色搭配时，色相差越小，整体感觉越沉稳低调。

图3-14 背景色

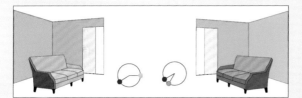

图3-15 背景色与主角色关系

2. 主题色（主角色）

决定空间色彩形象的色彩，主要由空间中具有很强存在感的家具的色彩来决定。来自室内的大型家具，如沙发、床、橱柜等，同时也来自装饰织物，如窗帘布艺等，占整个空间20%—25%的面积。

图3-16 主角色

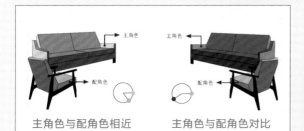

图3-17 主角色与配角色的关系

3. 配角色

主色调周围或相关位置的小型家具，如椅子、凳子、茶几、灯具、摆设、饰品的色彩。配角色不仅具有陪衬和突出主色调的作用，而且与主色调形成既相互对比又相互呼应的色彩感觉。

配角色与主角色属于相邻色搭配时，色相差较小，对比会减弱；将配角色换成与主角色的对比色时，加大了色相差，主角色会更加鲜明。

图3-18 配角色

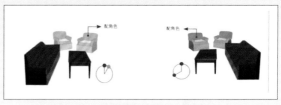

图3-19 配角色与主角色的色彩搭配

4. 点缀色

主要指饰品、靠枕、装饰画等小件物品所拥有的色彩，占整个空间的5%—10%的面积。点缀色的面积、色彩倾向与其色彩效果成反比关系，点缀色的面积越小，色彩倾向越鲜明。

图3-20 点缀色

图3-21 点缀色

图3-22 点缀色的色彩倾向

3.1.4 色彩搭配氛围

在同一家具条件下，用不同色彩和图案的抱枕搭配后，产生不同的氛围。

（1）当房间里充满了各种图案的装饰品，可以选择带有凹凸纹理的抱枕。

（2）对比色调的抱枕——橘红色和深蓝色，放在一起使颜色瞬间变得跳跃起来。沙发靠背可以选用格子图案进行搭配。

图3-23 对比色搭配

（3）当抱枕选用和沙发近似的颜色时，可以选择不同的面料和方格图案作为过渡和区别。红色抱枕和中间的腰枕共同搭建暖色系色调，方格图案抱枕带有暗红色线条作为呼应。

图3-24 近似色搭配

（4）暖色中性色的搭配。中间用柔美印花作为视觉中心和亮点，同色系的两侧褐色抱枕作为呼应。方格抱枕起到平衡和过渡作用。在保持中性色方面，需要在空间中加入纹理和图案来变化空间。通过灰白色、灰褐色和巧克力色作为同色系的搭配选择，花纹为深褐色，然后选用互补色灰褐色，最后选择巧克力色将两种颜色结合起来。

图3-25 暖色中性色搭配

（5）邻近色处理方式。如果希望空间不太杂乱，看起来宁静和优雅，可以选择邻近色或相似色。抱枕的橘黄色和粉红色在色盘上是邻近色，同时沙发后的装饰画也用这两种颜色进行融合。白色带有橘黄色图案装饰的抱枕增加了层次。

图3-26 邻近色搭配

（6）用纯色作为点睛之笔。明亮的纯色"宝石蓝"脱颖而出，起到点缀作用。

图3-27　纯色点缀作用

3.1.5　流行色搭配应用

流行色的英文名称是Fashion Color，意为时髦的、时尚的色彩。世界上权威性的流行色科学研究机构有：伦敦的英国色彩评议会，纽约的美国纺织品色彩协会及美国色彩研究所，巴黎的法国色彩协会等。国际流行色的预测由总部设在法国巴黎的"国际流行色协会"完成。

流行色具有时代性特征，当一些色彩符合大众的认识、理想、兴趣、欲望时，具有特殊感情力量的颜色就会流行。流行色必须要考虑人们的审美心理，人们反复受到一种颜色的视觉刺激一定会感到厌倦，当一些与以往有区别的颜色出现时，一定会吸引人们的注意，引起新的兴趣。

软装行业内的不同机构会根据流行色进行发展和发布每年流行色趋势。如潘通发布2019年流行色为水鸭蓝，或者称为青绿色，是介于蓝色与绿色之间的颜色。

图3-28　流行色水鸭蓝

图3-29　水鸭蓝与白色搭配

水鸭蓝还带治愈系特色，让人心旷神怡，舒服得仿佛置身于美丽的湖泊之中。其具有复古的气息，与白色或者明亮的撞色搭配，有着清新和幸福的味道。

图3-30　水鸭蓝与金属色搭配

图3-31　书房水鸭蓝色彩搭配

而针对中国市场，一些机构也发布了2018年软装流行色干枯玫瑰色和2019年软装流行色，如中国红、帝王黄、孔雀蓝等。

图3-32 干枯玫瑰色调

图3-34 撞色搭配

图3-33 干枯玫瑰色调

图3-35 撞色搭配

图3-36 中国红与金色搭配

图3-37 流行色帝王黄

图3-38 帝王黄与白色搭配

图3-39 高冷孔雀蓝

3.2 家具设计及定制流程

家具配置对人的生活方式起着引导作用，要通过家具配置，有效地改善人们的物质生活和精神生活，倡导新的生活方式，使人们的审美情趣更加高尚和健康。

3.2.1 家具风格的分类

1. 欧式风格家具

欧式风格家具是以欧式古典风格为重要的元素，以意大利、法国和西班牙的家具为主要代表。讲究精细的手工裁切雕刻，轮廓和转折部分由对称而富有节奏感的曲线或曲面构成，并装饰镀金铜饰，结构简练，线条流畅，色彩富丽，艺术感强。

图3-40 欧式风格家具

2. 法式风格家具

传统法式家具带有浓郁的贵族宫廷色彩，强调手工雕刻及优雅复古的风格，常以桃花心木为主材，完全手工雕刻，保留典雅的造型与细腻的线条，椅座及椅背均以华丽的锦缎织成，以增强舒适感，家具还有大量主要起装饰作用的镶嵌、镀金与亮漆。

图3-41 法式风格家具

3. 美式乡村风格家具

美式乡村风格的沙发可以是布艺的，也可以是皮质的，还可以两者结合，美式皮质沙发用柳钉工艺。如果墙面的颜色偏深，沙发可以选择枫木色、米白色、米黄色、浅色竖条纹皆可；如果墙面的颜色偏浅，沙发就可以选择稳重大气的深色系，比如棕色、咖啡色等。

图3-42　美式乡村风格家具

4. 美式田园风格家具

田园风格家具一般选择纯实木为骨架，外刷白漆，配以花草图案的软垫；或者图案多以花草或方格为主，颜色清雅。

图3-43　美式田园风格家具

5. 北欧风格家具

北欧风格家具以实用为主，多以简洁线条展示质感，具有浓厚的后现代主义特色，注重流畅的线条，在设计上不使用雕花、纹饰，代表了一种时尚、回归自然、崇尚原木韵味的设计风格。

北欧家居产生了诸多知名品牌，有丹麦的BoConcept和Muuto，芬兰的ARTEK和iittala等。

图3-44　BoConcept家居

6. 现代简约风格家具

现代简约风格家具强调功能性设计，线条简约流畅，色彩对比强烈。客厅中的沙发组合多采用极具线条感的沙发类型，更能展示简约风格的基础特点。

图3-45　现代简约风格家具

7. 中式传统家具

中式传统家具一方面是指具有收藏价值的旧家具，主要是明代至清代制作的家具，这个时期是中国传统家具制作的顶峰时代；另一方面是仿明清式家具，是现代工人继承了明清以来的家具制作工艺生产出来的。

图3-46 中国传统家具

8. 新中式风格家具

新中式风格家具是对传统中式家具进行提炼并做适当的简化变形，整体造型以简洁的直线做基调，既符合现代家具风格的时代气息，又带有浓郁的中国特色。

图3-47 新中式风格家具

3.2.2 家具材质和类型的选择

1. 家具的材质

家具按照材质分类可分为：木质家具、金属家具、塑料家具、玻璃家具、石材家具、软体家具。

木质家具又分为：实木家具、板式家具、竹藤家具。金属家具由金属材料制造，由空心的圆管材、方管材等焊接或组装连接而成。

图3-48 实木家具

图3-49 藤条家具

图3-50 黄铜金属家具

图3-51　塑料家具

图3-53　大理石家具

图3-52　玻璃家具

图3-54　天鹅绒软体家具

家具常用木材按照价格可以分为四档：

（1）高档：柚木、黑胡桃木、樱桃木；

（2）中高档：白橡木、红橡木、白蜡木；

（3）中档：楸木、榉木、榆木、枫木、桦木、柞木、水曲柳；

（4）低档：橡胶木、香樟木、松木、杉木等。

家具油漆分为封闭漆、开放漆、半开放漆。

家具皮按照品质可分为牛皮（黄牛皮、水牛皮）和其他皮（猪皮、羊皮）。皮革可分为：真皮（全青皮、半青皮、意皮、国产皮）和仿皮（超纤皮、环保皮）。

皮革按照表层处理可以有瑕疵表面皮革、夸张色彩皮革、兽皮纹印花皮革、金属色皮革、光泽漆皮皮革、全息图配色皮革等。

图3-58 色彩夸张皮革家具

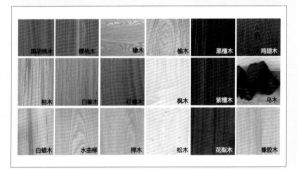

图3-55 家具木材种类

图3-59 兽皮纹印花皮革家具

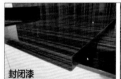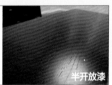

图3-56 家具油漆种类

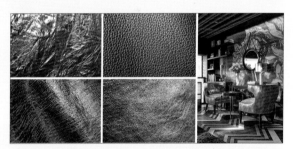

图3-60 金属色皮革家具

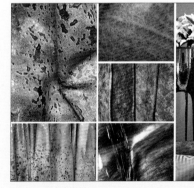

图3-57 瑕疵表面皮革家具

图3-61 光泽漆皮家具

第3章
软装设计的元素

图3-62 全息图配色皮革

2. 家具类型的选择

家具的选择，需要考虑空间使用者的数量、年龄和个人偏好。以坐具为例，如果家庭成员有五人，沙发可以选择一个L形沙发；如果是三个人，可以考虑一些比较简洁或者空间占用量比较小的沙发。

图3-63 沙发类型选择和组合方式

3.2.3 家具品牌的选择

国际高端家具品牌数量繁多，仅意大利米兰家具展中的品牌就超过2350个。高端家具并非指的是简单的物质成本堆砌，它代表的是一种华丽的生活态度与有格调的居住品位。空洞的物质奢侈令人厌恶，但真正的奢华则是讲究艺术与美感、历史与文化的，是一种高境界的精神探寻。代表奢华的家具是追求一种设计上的极致。华丽、简约、精致、优雅都是奢华家居的定义注解与物理属性。

1. 宾利家具（Bentley Home）

宾利家居所有产品均延续了宾利汽车的工艺要求，皮料选用与宾利汽车同产地同等级的牛皮。简单的设计线条和舒适的坐感体验，以及讲究的菱形格纹的衍缝线传递出精湛的手工艺灵魂。单人扶手椅选用双层椅背，优雅的流线型线条，增加产品的设计感。

图3-64 Richmond Royce沙发

图3-65 KENDAL单人扶手椅

2. 芬迪家具（FENDI）

1925年，FENDI品牌正式创立于罗马，专门出产高品质毛皮制品。旗下家具品牌将Fendi引以为傲的皮草、皮革等标志性元素应用到家具中，侧重简洁优雅的设计风格，注入更多时尚感，将现代先进技术与复古细节天衣无缝地融合在一起。

图3-66 Fendi客厅家具

图3-67 Fendi床体

3. B&B家具

B&B Italia产品既反映了现实生活的需要，又预示和引领新的潮流。侧重家具自身功能性，满足了现代人在烦琐工作和生活中寻找出口，追求心灵安静的精神需求。Le Bambole沙发是由意大利建筑师Mario Bellini设计。最独特的地方在于没有明显的支撑结构，内部采用管状钢架支撑，填有冷却成型的柔韧聚氨酯海绵，因此柔软又有型。

图3-68 Le Bambole沙发场景

安东尼奥·奇特里奥设计的Mart座椅，将概念、美观、技术、生态、人类工程学等问题一并调和，既是一件变换姿态的单人沙发，又是最亮眼的作品。

图3-69 Mart座椅场景

深泽直人为B&B设计的Papilio扶手椅（凤蝶椅），从一个圆锥形的体块开始以雕塑的方式来设计，并强调蜿蜒曲线的背部与整体框架的平衡。

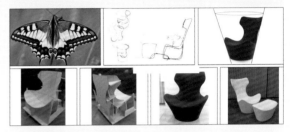

图3-70 Papilio扶手椅

4. Baxter家具

Baxter是一个以"皮革"为唯一制作原料的家具品牌，这种全面质量管理策略贯穿于整个工业生产步骤，指引其专业方向的深化。确保每一样产品都更像一件值得收藏和拥有的艺术品。

图3-71 Baxter沙发

图3-72 Baxter沙发

5. 范思哲家具（VERSACE）

范思哲家居系列拥有强大的时尚影响力，是对范思哲生活方式的当代解读。它所传达的信息是直接而又强有力的："非常范思哲"。其以奢华、雅致著称。在所有家居产品中都能够看到美杜莎的头像，带着神话色彩的设计精神。

图3-75 大师椅

图3-76 "不可能先生"椅

图3-73 范思哲沙发组合

3.2.4 定制家具的流程

软装中的家具除了成品家具外，还有定制家具。成品家具是生产厂家按照家具的常规尺寸设计生产的各类型家具。定制家具则是按照客户的要求进行定制生产的家具。

定制家具需要设计师了解家具制作的流程和工艺，在设计出家具的详细样式和标明家具的尺寸和材质后，由家具厂画出详细的施工图和提供材料样板，经设计师确认后投入生产，家具生产各环节需设计师进行审核和质量控制。（家具材料样板表，见附录图1）

图3-74 范思哲餐厅家具

6. kartell家具

kartell凭借超凡的技术功底，将塑料材质演绎得出神入化，作品被蓬皮杜等博物馆永久收藏，是世界家居设计潮流中当之无愧的引领者。

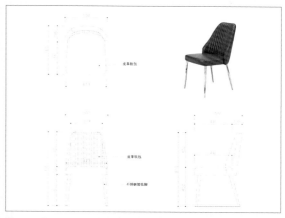
图3-77 家具图纸

（1）放样。制作家具流程单，标明项目名称、生产编号、家具名称、尺寸规格、数量、主体材质、构件材质、制作时间节点、制作人员等。按照家具尺寸和样式，将家具零部件进行图纸分拆，并进行比例1：1打印。（家具制作信息表，见附录图2）

（2）放样图纸分配木工车间下料。制作《家具生产材料明细表》，标明家具各部件名称、材料、成品规格、生产定额和补充内容说明。根据《明细表》剪裁图纸、比对和下料。（家具生产材料明细表，见附录图3）

（3）拼料。下料后，木块之间磨光（在黏合时无缝隙）、打胶、挤压（定型）。此步骤主要用于厚度不够的家具部件。

（4）放样纸切割。依据放样图纸对原材料进行造型切割。

（5）放样部件打磨。对切割后的木料进行打磨和精加工，让木料表面光滑。

（6）精切。对细致部位进行精切和加模型。

（7）试装。对切割好的部件进行初步试装和调试。

（8）雕刻。试装完成并且无误之后进行雕刻。在雕刻部位进行绘制花纹——粗雕——打磨——磨白皮。

图3-81　贴敷放样纸

图3-82　切割木料

图3-83　打磨

图3-84　精切

图3-85　试装

图3-86　调试加固

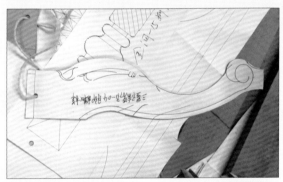
图3-78　放样

图3-79　下料

图3-80　拼料

图3-87　绘制花纹

（9）贴皮。对密度板贴敷面层，进行拼花和整平，一般贴敷实木皮。不同风格的家具有不同适用的木贴皮，如美式家具适用樱桃木皮、桦木皮和楸木皮；中式家具适用橡木水曲柳；法式家具适用混水油漆。从开始制作到此步骤，属于家具白茬阶段。

（10）喷漆。对家具进行喷底油三遍，面漆两遍。每次喷漆后需要一次打磨。

（11）彩绘。对家具按照指定图案进行彩绘，彩绘之后必须进行打磨。

（12）安装拉手。选择合适的拉手造型和规格，确定数量进行安装。

（13）填充海绵。根据产品造型和工艺要求进行切割海绵和拼装。

（14）软包家具。基层固定后，将已经缝好的面料套在铺好海绵或棉花上面，摆准位置并拉紧，然后用气钉、泡钉钉好。

图3-94　安装拉手

图3-88　粗雕

图3-89　打磨

图3-90　贴敷面层

图3-91　封边

图3-92　彩绘

图3-93　彩绘图案

图3-95　填充海绵

图3-96　基层处理

图3-97　固型

图3-98　软包后效果

3.2.5 常用的家具尺寸范围

室内不同空间需要对家具尺寸进行深入设计，通过尺寸范围的选择，设计出合理的空间尺度。同时明确家具造型特色，判定家具的尺寸数据。并且将家具外框尺寸反推到硬装设计图纸中，看家具外框是否能够放到空间中去。

另外，根据家具之间的关系以及与硬装墙面造型的关联等因素，进行尺寸微调，如沙发座面与茶几高度的关系，床体床垫高度与床头柜高度的关系，座椅扶手与餐桌书桌的高差距离，沙发靠背与扶手之间的关系等。单人沙发扶手就不宜过高，如果过高就不方便人们进行交流，因此要考虑这些细节问题。

表 3-1　家具尺寸范围

沙发类别	长度（mm）	深度（宽度）（mm）	座高（mm）	背高（mm）
单人沙发	800-950	850-900	350-420	700-900
双人沙发	1260-1500	800-900	350-420	700-900
现代单人沙发	800	800	350-420	1000
欧式单人沙发	900	900	350-420	1000
现代双人沙发	1200	880	350-420	1000
欧式双人沙发	1500	900	350-420	1100
三人沙发	1750-1960	800-900	350-420	700-900
现代三人沙发	1650	960	350-420	1000
欧式三人沙发	1800	900	350-420	1100
四人沙发	2320-2520	800-900	350-420	700-900
贵妃榻	1500-2000	800-1000	450-500	850-900

沙发与电视机（29英寸）预留距离不小于3500

茶几类别	长度（mm）	宽度（mm）	高度（mm）	其他（mm）
长几	1000-1400	600-850		
角几	450	350	600	
小型茶几	600-750	450-600	380-500	最佳380
中型茶几（长方形）	1200-1350	380-500	600-750	
中型茶几（正方形）	750-900		430-500	
大型茶几（长方形）	1500-1800	600-850	330-420	最佳330
大型茶几（正方形）	900-1500		330-420	
大型茶几（圆形）	直径750-1200		330-420	
三人沙发搭配茶几	1200	700	450	
	1000	1000	450	

桌椅类别	长度（mm）	宽度（mm）	高度（mm）	
双人餐桌	750-900	730-780	700-800	
四人餐桌	900	900	730-800	
六人餐桌	1400-1600	700	730-800	
圆餐桌	二人桌直径500-800		四人桌直径900	
	六人桌直径1100-1250		八人桌直径1300	
书桌	900-1500	450-700	750	
书椅	560	550	450（座高）	1000（靠背）
柜体种类	长度（mm）	深度（mm）	高度（mm）	其他（mm）
床头柜	550		800	
矮柜		350-450		
顶高柜		450-650	1800-2000	
电视柜	2000	500		
书柜		450-550	小于1800	隔板间距300-500
儿童床	长度（mm）	1500、1800、2000		
	宽度（mm）	900、1050、1200、1500		
单人床	长度（mm）	1800、1860、2000、2100		
	宽度（mm）	900、1050、1200、1500		
双人床	长度（mm）	1800、1860、2000、2100		
	宽度（mm）	1350、1500、1800		
床尾凳	长度（mm） 1200-1800	宽度（mm） 400-700	高度（mm） 400-800	

3.3 灯具与灯光设计

灯具指能透光、分配和改变光源分布的器具，包括除光源外所有用于固定和保护光源所需的全部零部件，以及与电源连接所必需的线路附件。

3.3.1 灯具风格分类

1. 中式灯具

中式风格灯具在造型上讲究对称、色彩上讲究对比、材料上以木材为主，图案多以龙、凤、龟、狮、清明上河图、如意图、京剧脸谱等中式元素为主。非常强调体现古典和传统文化的神韵，精雕细琢、瑰丽奇巧。中式风格灯具分为纯中式和现代中式两种。纯中式灯具造型上富有古典气息，一般用材比较古朴；现代中式灯具则只是在部分装饰上采用了中式元素，而运用现代新材料制作。

图3-99 中式灯具1　　图3-100 中式灯具2

2. 欧式灯具

欧式灯具非常注重线条、造型的雕饰，以体现雍容华贵、富丽堂皇之感，部分欧式灯具还会以人造铁锈、深色烤漆等故意制造一种古旧的效果，在视觉上给人以古典的感觉。

欧式灯具从材质上分为：树脂、纯铜、锻打铁艺和纯水晶。其中树脂灯造型很多，可有多种花纹，贴上金箔和银箔显得颜色亮丽，色泽鲜艳；纯铜、锻打铁艺等造型相对简单，但更显质感。

图3-101 意法风情风格灯饰1　　图3-102 意法风情风格灯饰2

3. 美式灯具

美式灯具虽然注重怀古情怀，在吸收欧式风格的基础上演变而来，但在风格和造型上仍相对简约，外观简洁大方，更注重休闲和舒适感。

色调色彩沉稳，气质隽永，追求一种高贵感，其目的与欧式灯一样追求奢华，但美式灯的魅力在于其特有的低调贵族气质。

线条明朗、造型典雅的美式灯具一般灯光较为柔和，让人体验到一种与时尚简约截然不同的意境，自有一种恬静悠远的境界。

图3-103 美式铜灯1　　图3-104 美式铜灯2

4. 现代灯具

主要特征有风格充满时尚和高雅的气息，返璞归真，崇尚自然；色彩以白色、金属色居多，有时也色彩斑斓，总体色调温馨典雅；材质注重节能，经济实用，一般采用具有金属质感的铁材、铝材、皮质、玻璃等；设计在外观和造型上以另类的表现手法为主，多种组合形式，功能齐全。

图3-105 天鹅灯　　图3-106 蜂巢灯

3.3.2 灯具材质分类

灯具材质分为玻璃、天然石材（水晶、云石、大理石、玉石）、金属（铜、铁、铝、合金）、综合（皮质、布艺、亚克力、树脂、陶瓷）等。

1. 水晶灯

水晶灯是指由水晶材料制作成的灯具。水晶灯给人高贵、梦幻的感觉。水晶灯主要由金属支架、蜡烛、天然水晶或石英坠饰等共同构成。

欧式水晶灯类型一般有埃及水晶和施华洛世奇水晶。规格一般是1层、2层（10+6个灯头）和3层。

图3-107 水晶灯

图3-108 欧式水晶灯应用

2. 铜质灯

铜质灯指以铜作为主要材料的灯具，包含紫铜和黄铜两种材质，铜灯极富质感，造型美观，一盏优质铜灯具有较高的收藏价值。

欧式铜灯具有欧美文化特色，是欧洲古典主义设计风格在继承了巴洛克式风格后，吸取洛可可式风格中唯美、律动的细节处理等综合元素的结合体。

铜质灯所用的铜件目前主要还是分脱蜡和翻砂两种，目前常见的铜件都是用脱蜡工艺来制造。脱蜡的特点是可以把铜件的图案更生动，更精细地体现出来。铜质灯类型一般有纯铜、铜加水晶、仿铜、铜加陶瓷。

图3-109 铜质灯1

图3-110 铜质灯2

3. 天然云石灯饰

西班牙云石灯素有"刚中带柔、硬中有软"的特性，给人一种刚柔并济的感觉，令人在灯光效果下如沐春风、身心放松。云石灯是采用西班牙的雪花石，配以镀铬的铜器灯架，整个灯饰的外观显得高端大气。

图3-111 天然云石灯1

图3-112 天然云石灯2

3.3.3 灯光设计基础

1. 照度

照度用来表示被照面上接收光的强弱，被照面单位面积上接受的光通量，单位为勒克斯（lx）。国家标准《建筑照明设计标准》GB50034—2013中的住宅建筑照明标准如下：

同时国际照明委员会推荐了照度范围，如下：

表 3-2 照度范围

照明场所或功能	照度范围（lx）
室外入口	20~50
过道，主要用于辨别方向	50~100
短暂停留的空间，如衣帽间	100~200
有一般的视觉辨别要求，如起居室等	200~500
有中等视觉辨别要求，如厨房、书房等	300~750
有较高视觉辨别要求，如刺绣等	500~1000
精密加工操作空间	750~15000

2. 光通量

光通量的大小决定着灯具数量的多少。有光通量的灯具运用公式1，只有功率的灯具先用公式2，再用公式1。

灯具数量公式1：灯具数量＝（平均照度E×面积S）/（单个灯具光通量Φ×利用系数CU×补偿系数K）

平均照度（E）：根据《建筑照明设计标准》（GB 50034-2013），居住建筑起居室一般活动照度标准为100lx，书写阅读300lx。（0.75m水平面）

空间利用系数（CU）：是指从照明灯具放射出来的光束有百分之多少到达地板，所以与照明灯具的设计、安装高度、房间的大小和反射率的不同，照明率也随之变化，一般家装射灯的利用系数（CU）可取0.6。

补偿系数（K）：是指伴随着照明灯具的老化，灯具光的输出能力降低和光源的使用时间的增加，光源发生光衰或由于房间灰尘的积累，致使空间反射效率降低，致使照度降低而乘上的系数，一般家装取0.5。

光通亮公式2：公式光通量=光效×瓦数

（光效的单位是lm/w，普通节能灯光效在70-80之间，高品质节能灯在90左右。例如：7W高品质LED灯，光通量630lm。）

表 3-3　住宅建筑照明标准

房间或场所		参考平面	照度标准值（lx）
起居室	一般活动	距地0.75m水平面	100
	书写、阅读	距地0.75m水平面	300（混合照明）
卧室	一般活动	距地0.75m水平面	75
	床头、阅读	距地0.75m水平面	150（混合照明）
餐厅		距地0.75m水平面	150
厨房	一般活动	距地0.75m水平面	100
	操作台	操作台面	150（混合照明）
卫生间		距地0.75m水平面	100
电梯前厅		地面	75
过道、楼梯间		地面	50
公共车库	停车位	地面	20
	行车道	地面	30

表 3-4　房间光通量及灯具数量参考表

房屋面积	光通量（lm）	瓦数（W）	灯具数量	备注
10平	630	7	5	
	810	9	4	
	1080	12	3	
10平	1350	15	2	
	1620	18	2	
15平	630	7	8	
	810	9	6	
	1080	12	5	光效：90
	1350	15	4	照度：100
	1620	18	3	CU：0.6
20平	630	7	11	K：0.5
	810	9	8	
	1080	12	6	
	1350	15	5	
	1620	18	4	

3. 色温

色温的单位为开尔文（K），在常温下把一块理想的纯黑色金属物质加热，随着温度不断上升物体会呈现出不同的颜色，呈现不同颜色下的温度叫色温，以此标准来定义可见光的色调。

暖色（2700K-3500K）色温的灯光在家中的使用范围广泛。2800K的灯光用于餐桌、卧室或者作为氛围灯使用。3500K用于从客厅、厨房、洗手间的功能性照明到全屋基础照明。中性色（4000K）用于需要阅读或操作的重点照明区域，如书房阅读区、厨房操作台等。

图3-113　不同色温的射灯照明效果

图3-114　色温

4. 显色性

指光源对物体真实颜色的呈现程度。主要影响灯光照射到物体颜色的真实性，它的单位是CRI，CRI≥90Ra的灯能够满足家用。通常用Ra来表示显色度，Ra值越大，光源的显色性越好；相反，Ra越小就表明光源的显色性越差。

图3-115　高平均和低平均的显色评价指数区别

3.3.4 照明的方式

1. 灯具的使用方式

射灯和筒灯随着无主灯设计的流行，使用频率越来越大。射灯光线角度小比较集中，筒灯角度大光线发散。

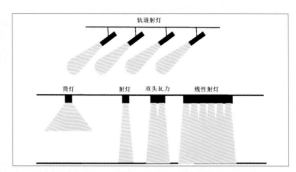

图3-116　筒灯与射灯的区别

轨道射灯距墙400—500 mm，嵌入式射灯则距墙200—300 mm。射灯间距在700—1400 mm之间。

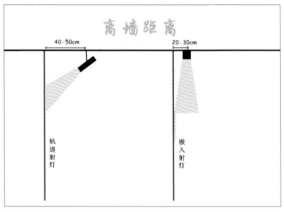

图3-117　射灯离墙距离

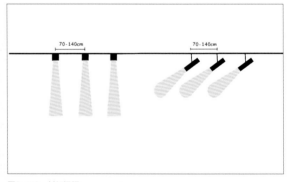

图3-118　射灯间距

吊灯的安装高度需要考虑使用安全。如吊灯最低高度不应低于2100mm，餐厅吊灯装在距离地面1500mm-1600mm，卧室床体吊灯安装高度1800mm-2200mm，在床头的吊灯安装高度为灯口距离地面1500mm到1600mm之间等。

壁灯安装高度在1500mm-1800mm之间。

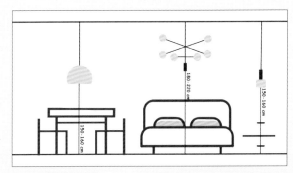

图3-119 吊灯安装高度

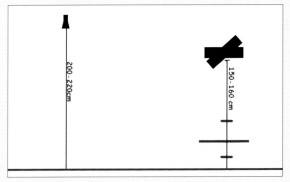

图3-120 壁灯安装高度

灯带一般用于氛围营造、进门迎接以及感应夜灯，安装在柜子或书架的最深处或者中间部分。

柜内灯应反应灵敏，照射方向和位置应正确。

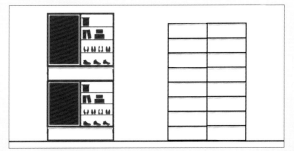

图3-121 灯带安装位置

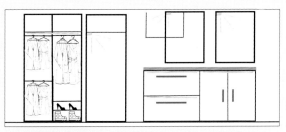

图3-122 柜内灯安装位置

镜前灯一般用于洗手间或者化妆间。镜前灯照明分为上下照明、左右照明等。照明留线高度在1800mm—2200mm，左右照明留线高度在1600mm，左右照明要提前确定镜子尺寸。

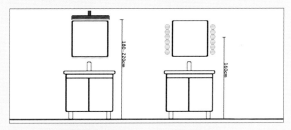

图3-123 镜前灯安装高度

2. 照明的方式

依照不同的设计手法。可初步分为直接照明与间接照明，但在应用上又可细分成半直接照明、半间接照明。直接间接照明以及漫射型照明。一个空间中可以运用不同照明方式来交错设计出自己需要的光线氛围。

灯光设计分为集中式光源、辅助式光源、普照式光源。

集中式光源的灯光为直射光，以集中直射的光线照射在某一限定区域内，让您能更清楚看见正在进行的动作，主要用在工作、阅读、烹调、用餐等场景。

辅助式光源的灯光属扩散性光线，其散播到各个角落的光线都是一样的。

普照式光源是房间内的主灯，也称背景灯。将室内的光源提升至一定的亮度，对整个房间提供相同的光线，所以不会产生明显的影子。

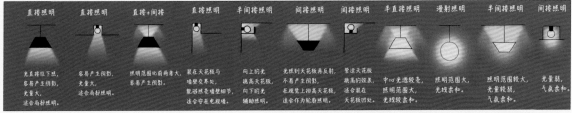

图3-124 照明的方式

图3-125 集中式照明

图3-126 辅助式照明

图3-127 普照式照明

　　灯光设计需要遵守"5：3：1的黄金定律"，"5"指光亮度最强的集中式光线；"3"指给人柔和感觉的辅助式光源；"1"是提供整个房间的基本光源。

3.3.5 不同空间的灯光设计

　　在软装设计中，灯具在不同的空间里，有时候偏重于照明和色彩的真实还原；有时候侧重于装饰效果；有时两者兼之。选择时，要结合不同用户的不同需求、不同特点、不同用途及室内空间装饰的不同要求进行综合考虑。

1. 客厅灯光设计

　　电视机的光线很强，电视机旁边安装一个气氛灯可以用来增加灯影的过渡。沙发旁需要一个落地灯或茶几上放一盏台灯。

图3-128 电视机旁气氛灯

图3-129 沙发旁的落地灯

2. 餐厅灯光设计

　　餐桌上的吊灯，可以让进餐的人欣赏桌上色香味俱全的美味。安装高度适当，保证四目可以相对和没有遮挡；不能吊得太高，要保证可以看清餐桌上的美味；不用漫射灯，避免显得太"朦胧"。

图3-130 餐桌上吊灯

3. 书房灯光设计

书房工作台的工作灯具要选择可以调节高度和方向的工作灯，周围要有补光的气氛灯，做好光线明暗的自然过渡。

图3-131 书房灯光设计

4. 卧室灯光设计

卧室中常用的灯具包含床头灯和吸顶灯两种，尽量避免安装吊灯，床头灯还包含床头壁灯和台灯两种。

图3-132 卧室灯光设计

5. 卫生间灯光设计

卫生间最重要的灯光是洗脸池的灯光，首先保证照度足够，其次是角度正确，洗脸台灯光常使用暖光。

图3-133 卫生间灯光设计

3.4 布艺面料

布艺能柔化室内空间生硬的线条，在营造与美化居住环境上起着重要的作用。丰富多彩的布艺装饰为居室营造出或清新自然，或典雅华贵，或高调浪漫的格调。可以把家具布艺、窗帘、床品、地毯、桌布、抱枕等都归到布艺的范畴，通过各种布艺之间的搭配可以有效地呈现空间的整体感。

3.4.1 布艺面料和工艺种类

布艺面料根据其制作工艺不同基本上可分为印花、染色、色织、提花、割绒、植绒、剪花、烫金/烫银、手绘、压皱等种类。

1. 印花

印花布是在素色胚布上用转移印花和渗透印花的方式，印上色彩和图案。特点色彩丰富，图案丰富，背面白色。

2. 染色

染色布是在白色坯布上进行单一染色，显得素雅、自然，但色牢度不高。

3. 色织

根据图案需要，先把纱线进行分类染色，再经交织而构成色彩图案。特点是色牢度强，立体感强、纹路鲜明，且不易褪色。

图3-134 印花面料   图3-135 色织面料

4. 提花

经纱和纬纱相互交织形成凹凸有致的图案。提花布的优点是纯色自然、线条流畅，风格独特，简单中透出高贵的气质，能很好搭配各式家具。提花面料与绣花和花边结合，更能增添面料的美观性。

5. 绣花

在已经加工好的织物上，以针引线，按照设计进行穿刺，通过运针将绣线组织成各种图案和色彩。有平绣、珠片绣、毛巾绣、丝带绣、水溶纱等。

6. 植绒

把纤维绒毛按照特定的图案黏着到织物表面，植绒面料立体感强。且绒毛具有吸音、吸潮功能。

图3-136 提花面料   图3-137 绣花面料   图3-138 植绒面料

3.4.2 布艺设计要点

布艺设计时要遵循的原则是"色彩基调要确定，尺寸大小要准确，布艺面料要对比，风格元素要呼应"。

1. 布艺色彩

一个空间的基调是由家具确定的，家具色调决定着整个居室的色调，空间中所有布艺都要以家具为最基本的参照标杆和执行原则。主要是"窗帘参照家具、地毯参照窗帘、床品参照地毯、小饰品参照床品"。

2. 布艺尺寸

窗帘、帷幔、壁挂等悬挂的布艺饰品的尺寸要合适，包括面积大小、长短等要与居室空间、悬挂立面的尺寸相匹配。如较大的窗户，应以宽出窗洞、长度接近地面或落地的窗帘来装饰；在小空间内要配以图案细小的布料，在大空间选用大型图案的布饰。

3. 布艺材质

在面料材质的选择上，尽可能地选择相同或相近元素，避免材质的杂乱。

总之，布艺的选材和图案要注意与室内整体风格和使用功能相搭配，在视觉上首先达到平衡，同时给予触觉享受，给人留下一个好的整体印象。布艺的色彩、款式、意蕴等要与其他装饰物呼应协调，表现形式要与室内装饰格调统一。

3.4.3 窗帘的组成和分类

窗帘由帘体、辅料、配件三大部分组成。

（1）帘体包括窗幔、窗身、窗纱组成。窗幔是装饰窗不可缺的组成，一般选用与窗身相同的面料制作。

图3-139 绅士幔   图3-140 胜利幔

图3-141 墨菲幔   图3-142 罗马幔

图3-143 穿杆幔   图3-144 旗幔

（2）辅料有窗樱、帐圈、饰带、花边、窗襟衬布等；

（3）配件有窗轨、侧钩、绑带、窗钩、窗带、配重；

图3-145 罗马杆　　　　　　　图3-146 窗帘挂钩

窗帘通常可以分为两类：成品帘和布艺帘。成品帘用于大型的公共空间或家居中相对较小的窗户，在风格上，比较适合现代简约的家居设计。

窗帘按照面料质地分类可分为纯棉、麻、涤纶、真丝，或者混织。纯棉质地柔软，手感好；麻质垂感好，肌理强；真丝面料手感好，层次感强；涤纶面料色泽鲜明、不褪色、不缩水。国内面料多以棉涤、棉麻混纺为主。

图3-147 不同含绒量的绒布

图3-148 真丝布

根据外形和功能不同可分为对开窗帘、升降布帘、百叶帘和卷帘四大类。

1. 对开窗帘

对开窗帘可分为单幅、两幅和多幅组合窗帘。按照制作工艺分为韩式固定折、普通窗带帘、气眼帘、酒杯帘、穿筒帘等。

2. 升降窗帘

升降式窗帘适用于书房、儿童房等的较小窗户装饰，外形平展，简单大方。

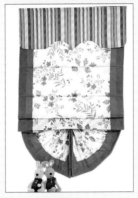 

图3-149 升降窗帘1　　　　　图3-150 升降窗帘2

3. 百叶帘

百叶帘适合办公室、书房、卫生间及厨房使用。百叶帘最大特点是光线得到任意调节，使室内的自然光富有变化，可分为金属百叶帘和木质百叶帘。

图3-151 金属百叶帘　　图3-152 木质百叶帘　　图3-153 材料样板

4. 卷帘

适用如商务大楼、宾馆、餐厅、办公室，面料可分为全遮光、半遮光、透光等，材质多为人造纤维，具有防紫外线功能并经过防火处理。

图3-154 卷帘

5. 其他窗帘

包括百褶帘、蜂巢帘、柔纱帘、竹帘、珠帘、线帘、皮帘等。

百褶帘、蜂巢帘、柔纱帘、竹帘都是上下升降拉升，轻巧简洁，适用于小窗。柔纱帘是双层透光帘设计，具有百叶帘开启、调光功能，调节窗帘角度，可使不同透光度帘布重叠，拥有布艺轻柔的质感。

图3-155 蜂巢帘

3.4.4 窗帘设计要点

（1）窗帘的主色调应与室内主色调协调，采用补色或者近似色能达到较好的视觉效果的，极端的冷暖对比或者撞色是需要反复斟酌才可以运用的方式。

（2）各种设计风格均有适合的花色布艺进行协调搭配：现代设计风格，可选择素色窗帘；优雅的古典设计风格，可选择浅纹的窗帘；田园设计风格，可选择小碎花或斜格纹的窗帘；而奢华的设计，则可以选用素色或者大花的窗帘。

（3）选择条纹的窗帘，其走向应与室内风格的走向协调一致，避免造成室内空间减缩的感觉。

（4）花型等需与房间内的家具、墙面、地面、天花板相协调，形成统一和谐的整体美、统一性。可以采用不同材质质感，但图案类似统一；不同图案，但颜色统一；图案和颜色均不同，但质地类似统一。

3.4.5 床上用品分类与面料

床上布艺在卧室的氛围营造方面具有不可替代的作用。

（1）套罩类：被套、床裙、床笠。

（2）枕类：可分为枕套、枕芯，枕套又分为短枕套、长枕套、方枕套等。枕头尺寸相对统一，靠枕内径尺寸

68×68cm，睡枕74×48cm，抱枕和装饰枕45×45cm或者50×50cm，腰枕50×35cm或者50×30cm。

（3）被褥类：七孔被、九孔被、四孔被、冷气被、保护垫。

（4）套件：四件套、五件套、六件套、七件套等多件套。

图3-156 床体与床品

床上用品的面料有涤棉、纯棉、涤纶、腈纶、真丝、亚麻及一些混纺面料。

图3-157 床品面料和配色

按组织分类有平纹、斜纹、贡缎。

（1）平纹组织的特点：平纹组织是由经、纬纱一上一下相间交织而成。经纬纱之间每间隔一根纱线就交织一次，组织点频繁，经纬纱联系紧密，布身结实、坚牢。

（2）缎纹组织特点：缎纹组织的单独组织点、在组织上由其两侧的经（或纬）浮长所遮盖，故在组织表面都呈现经（或纬）浮长线。因此，布面平滑、匀整、富有光泽、质地柔软。

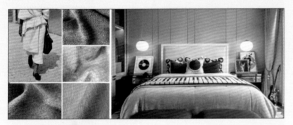

图3-158　纹理亚麻面料

3.5 地毯

3.5.1 地毯材料分类

地毯按照材料可分为纯羊毛地毯、真皮地毯、纯棉地毯、混纺地毯、化纤地毯、藤麻地毯等。

1. 纯羊毛地毯

高级羊毛地毯均采用天然纤维手工织造而成，具有不带静电、不易吸尘土的优点，由于毛质细密，受压后能很快恢复原状；纯羊毛地毯图案精美，色泽典雅。

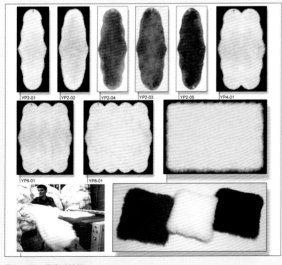

图3-159　马海毛地毯

图3-160　羊绒地毯

2. 真皮地毯

一般指皮毛一体的真皮地毯，例如牛皮、马皮、羊皮等，使用真皮地毯能让空间具有奢华感，能为客厅增添浪漫色彩，真皮地毯由于价格昂贵还具有收藏价值，尤其地毯上刻制有图案的刻绒地毯更能保值。

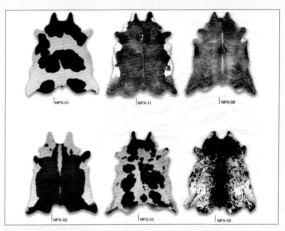

图3-161　整张牛皮地毯

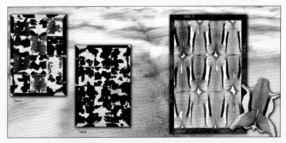

图3-162　牛皮拼接地毯

3. 纯棉地毯

质地柔软、吸水性强；耐磨度高，富有弹性；易清洁，色彩鲜艳且多样。

4. 混纺地毯

混纺地毯是在纯毛纤维中加入一定比例的化学纤维制

成，该种地毯在图案花色、质地手感等方面与纯毛地毯差别不大，但却克服了纯毛地毯不耐虫蛀、易腐蚀、易霉变的缺点，同时提高了地毯的耐磨性能。

图3-163　混纺地毯

5. 化纤地毯

分为尼龙、丙纶、涤纶和腈纶四种，尼龙地毯的图案、花色类似纯毛，由于耐磨性强、不易腐蚀、不易霉变的特点最受市场欢迎，但缺点是阻燃性、抗静电性差。

图3-164　化纤地毯

6. 藤麻地毯

是一种具有质朴感和清凉感的材质，用来呼应曲线优美的家具、布艺沙发或者藤制茶几，适合东南亚、地中海等风格。

图3-165　纯麻地毯

7. 尼龙地毯

尼龙地毯是选用尼龙作为原材料，经过机制加工而成的新式地毯。在审美价值、装饰效果、耐磨性能、踩压后回弹性好等方面都很出众。

图3-166　尼龙印花地毯

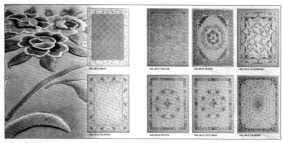
图3-167　尼龙长绒地毯

地毯按照编制工艺可分为手工地毯和机织地毯。机织地毯是相对于手工地毯而言的，泛指采用机械设备生产的地毯，该地毯是通过经纱、纬纱、绒头纱，三纱交织，后经上胶、剪绒等后道工序整理而成。

图3-168　手工羊毛地毯

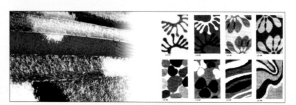
图3-169　机织地毯

3.5.2 地毯铺设方式

酒店客房一般选满铺地毯进行现场测量墙面之间距离确定尺寸。而家居地毯需要根据空间尺度和家具摆放而定。

1. 客厅地毯铺设方式

在小客厅中，可以沙发和椅子腿不压地毯边缘，只把地毯铺在茶几的下面。一般空间的客厅，将沙发或者椅子的前半部分压着地毯，到茶几与电视柜的中间距离为止。

如果客厅较大或者在会客厅，可以将地毯完全铺在沙发和茶几下面，同时地毯边在家具的范围外露15-20厘米。但无论地毯选用哪种方式铺设，地毯距离墙面最好有40厘米的距离，便于打理。

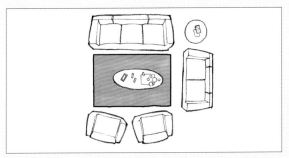

图3-170　小客厅地毯铺设方式

图3-171　常用铺设方式

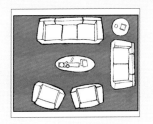

图3-172　较大客厅铺设方式

2. 卧室地毯铺设方式

如果床放在角落，可在床边区域铺设长条形地毯，地毯宽度为两个床头柜的宽度，长度与床体一致或略长。

如果床是摆在房间的中间，地毯可以完全铺在床和床头柜下面。一般情况下床的左右两边和尾部与地毯边距离90厘米，也可以根据卧室空间大小进行调整。

图3-173　床体在角落的铺设方式

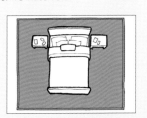

图3-174　床体在中间的铺设方式

地毯也可以铺在床头柜和与床头柜平行的床体以外的部分，并在床尾和床体两边露出90厘米左右，也可以根据卧室空间大小进行调整，不能窄于床头柜的宽度，以满足床边摆放鞋子的距离。

图3-175　床头以外铺设方式

如果需要便于打理，可以床的左右两边各铺设一条小尺寸的地毯，床同时床头柜也不压着地毯。地毯宽度要比床头柜宽一些，长度可以根据床体的长度而定，或者超出床的长度。如果床两边的地毯跟床的长度一致，床尾可以选择一块小尺寸地毯，地毯长度和床的宽度一致。地毯的宽度不超过床长度的一半，或者单独在床尾铺一条地毯。

图3-176　小尺寸地毯铺设方式

图3-177　床脚铺设方式

儿童房的地毯可以考虑满铺地毯或者铺在床下；也可以选择3块地毯分别铺设在床两边及中间的空地上；或者除了床头部分以外的床下面。

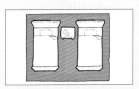

图3-178　儿童房满铺方式

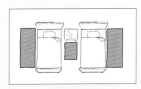

图3-179　空地铺设方式

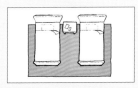

图3-180　床头以外的铺设方式

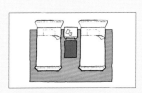

图3-181　重叠铺设方式

3. 餐厅地毯铺设方式

餐厅的地毯一般根据餐桌的形态进行选择相应形态。地毯尺寸要涵盖餐椅使用时的尺度。圆形餐桌也可以选择正方形或者长方形的地毯。

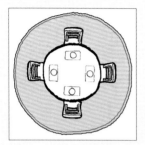
图3-182　圆桌圆毯铺设方式

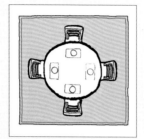
图3-183　圆桌方毯铺设方式

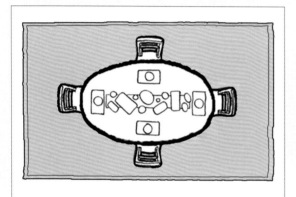
图3-184　椭圆桌方毯铺设方式

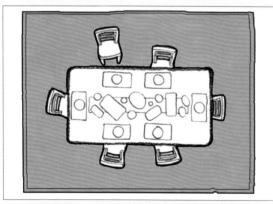
图3-185　方桌地毯铺设方式

3.6 壁纸

3.6.1 壁纸分类和材料

1. PVC壁纸

PVC壁纸又称胶面壁纸、塑料壁纸。PVC壁纸的表面是PVC材质，再经过PVC糊状树脂压花印花而成。其最大的特点就是表面防水。

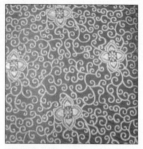
图3-186　胶面壁纸

2. 纯纸壁纸

纯纸壁纸是一种全部用纸浆制成的墙纸，这种墙纸由于使用纯天然纸浆纤维，透气性好，并且吸水吸潮，故为一种环保低碳的理想材料。

图3-187　纯纸壁纸

3. 无纺布壁纸

无纺布壁纸主要成分为植物纤维，在植物纤维表面印刷压纹而成，触感极佳。无纺布壁纸有韧性，撕开时，表层有长纤维。表面不防水，其延展性好，施工易接缝。

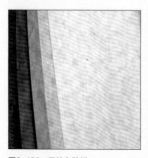
图3-188　无纺布壁纸

4. 无缝墙布

无缝墙布是用丝、毛、棉、麻等天然纤维纺织布为原材料加工的一种贴墙材料，其特点为视觉舒适、触感柔和，自然感强，透气性好。

图3-189　无缝墙布

3.6.2 壁纸的面层工艺

1. 发泡工艺

发泡工艺，在壁纸基材表面涂有300-400K/m2掺有发泡剂的PVC糊状树脂，经印花后再加热发泡而成。这类壁纸有高发泡印花、低发泡印花和发泡印花压花等品种。

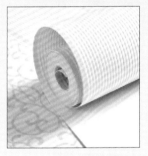

图3-190　发泡壁纸

2. 植绒工艺

在壁纸基材表面植入短绒纤维，形成类似绒布质感，花型丰富立体感强，可分为单色植绒，双色植绒或多色植绒等品种。

图3-191　植绒壁布

3. 印花工艺

最早兴盛于欧洲，是喷墨打印机或者数码印花机直接打印个性化壁纸。以颜色艳丽、局部装饰效果强烈在市场中占据一席之地。

图3-192　印花壁纸

4. 金箔工艺

将99.99%的金属（金、银、铜、铂等）经过十几道特殊工艺，捶打成十万分之一的薄片，然后经手工贴饰于原纸表面，再经过各种印花等加工处理，最终制成金箔壁纸。

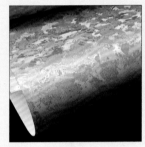

图3-193　金箔壁纸

5. 刺绣工艺

将丝线绣入墙布或壁纸基层中，构成各式图案，风格各异。

图3-194　刺绣壁纸

6. 其他壁纸

除以上壁纸外，还有水晶珠粒壁纸、天然材质壁纸、防火壁纸等。

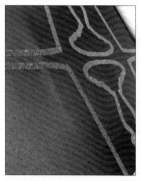

图3-195 水晶珠粒壁纸

图3-196 草本藤质壁纸

3.7 花艺绿植

花卉和绿植不仅能点亮整个居住空间，还能为该空间赋予勃勃生机。不同的空间，不同的花卉，不同的颜色等等，这些都会为居住空间带来与众不同的氛围。

3.7.1 花艺绿植的类型

花艺主要分为西式插花和东方式插花。欧式风格的空间设计中尽量选择西式插花，特点是注重花卉外形，追求块面和整体的艺术魅力，构图多以对称式、均齐式出现，色彩搭配讲究，花材种类多样，艳丽浓厚。

中式、日式或传统风格尽量选择东方式插花，特点是花材的选择以简洁，自然为美，善于利用花材的自然形态与空间相融合，凸显意境之美，并较为注重季节感，选用当季花材。造型多以线条为主，大多为平衡式构图，以优美姿态取胜。

花艺能为居住空间增添生气，巧妙划分和引导空间，创造独特的氛围，美化空间，体现环保健康的氛围。

花艺软装材料可以分为鲜花类、干花类、人造花类。

图3-197 西式插花

图3-198 东方式插花

3.7.2 花器的分类

花器一般分为陶瓷花器、金属花器、玻璃花器、木质花器等。

图3-199 陶瓷花器

图3-200 金属花器

图3-201 玻璃花器

图3-202 木质花器

中式花器主要分为瓶、盘、碗、缸、筒、篮六大类别，依着时节而盛开的花和枝条，融入花器中，便也被赋予了更多柔软的情感和意义。

瓶，与"平"谐音，寓意平安、吉祥。瓶花起源于南齐，盛行于明代。善于表现花材的线条美，多选用松、竹、梅、兰、菊、水仙等花材。

盘，最早可追溯到新石器时代，在2000年前的汉代成为花器，并将之比喻为孕育生灵的大地、海洋、湖泊。

碗，起源于前蜀，盛行于宋、明，强调哲理及秩序，讲究阴阳平衡。

缸，起源于唐，兴盛于明、清时期。唐朝罗虬《花九锡》记载："玉缸"贮水，充当插作牡丹的花器。

筒花又称隔筒，源于五代而盛于北宋、金。竹筒造型简约笔直，有圆形、方形、六角形、三角形等款式。

篮，最早可见于佛经记载上篮用以盛花供佛，宋元两朝常用篮花插作隆盛型的院体花。

图3-203 瓶

图3-205 碗

图3-206 缸

图3-207 筒

图3-208 篮

3.7.3 花艺绿植的搭配方法

1. 视觉重点与边角点缀

将花艺作为空间内的主要陈设是常见的一种布置方法，它主要利用花艺独特的形、色等魅力来吸引视线。

2. 结合室内家具陈设布置花艺

室内布置花艺除了有常见的落地布置之外，也可以与家具、陈设、灯具等物品进行结合，形成相互呼应的搭配整体。

3. 组成背景形成对比

花艺在居住空间内可以通过其独特的形、色、质，将它们组成纯天然的背景。

图3-204 盘

图3-209 边角点缀

图3-210 花艺与家具结合

3.7.4 不同空间的花艺绿植

　　室内绿植和花艺是装点生活的艺术，是将花、草等植物经过构思、制作而创造出的艺术品。其质感和色彩的变化对室内的整体环境起着美化等功能。

图3-212 黄蓝对比色花艺

图3-211 花艺组成背景

图3-213 近似色搭配花艺

图3-214　背景对比色搭配花艺

1. 客厅花艺

作为会客、家庭团聚的场所，适宜陈列色彩较大方的插花，摆放位置应该在视觉较明显区域，可表现主人的持重与好客，使客人有宾至如归的感觉，这是家庭和睦温馨的一种象征。

图3-216　客厅花艺2

2. 餐厅花艺

以鲜花为主的插花，可使人进餐时心情愉快，增加食欲。选择餐桌花卉时，需注意桌、椅的大小、颜色、质感及桌巾、餐具等整体的搭配，注意色彩的呼应，花型和花器的大小以不能妨碍视线和交流为原则，一般采用细长的器皿。

图3-215　客厅花艺1

图3-217　餐厅花艺1

图3-218 餐厅花艺3

3. 卧室花艺

以单一颜色为主较好，花朵杂乱不能给人"静"的感觉，以色彩淡雅为主，赏心悦目的插花使人心情愉快。或者放置绿色观叶植物。

图3-220 卧室绿色观叶植物

4. 书房花艺

插花点到为止最好，不可到处乱用，应该从总体环境气氛考虑，点睛之笔。插花不可过于热闹抢眼，否则会分散注意力，打扰读书学习的宁静。

图3-219 卧室粉色系花艺

图3-221 书房花艺

图3-222　书房花艺2

图3-223　书房花艺3

3.8 装饰画

装饰挂画在室内中是一个空间内引导视线，渲染气氛，填充空间的重要物品。当人进入一个空间内的时候，挂画作为一个"点"元素，将人的视线聚焦。

3.8.1 装饰画的种类

装饰画按照制作方法分为两类，一类是印刷，印刷壁画表层为无纺布、草编、PVC等，在表面层进行印刷。第二类为手绘壁画，以丝绸为基层进行手绘画。

按照材质进行划分，可分为油画、木制画、金箔画、摄影画、绢布画、丝绸画、编制画、喷绘画、烙画、瓷板画、综合材料装置画等。

图3-224　丝巾画

图3-225　版画

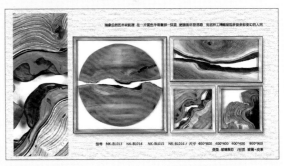

图3-226　书房花艺3

图3-227　玻璃彩丝手绘装饰画场景效果

3.8.2 画框材质与装裱

装饰画框材质多样，主要有实木木线条画框、聚氨酯塑料发泡线条、金属线框等。画框的装裱对作品的美观程度影响很大。

1. 画框的风格要统一

装饰画框要求整体风格统一，不能含有其他风格的元素，导致空间装饰美有重点。

2. 画框与画面内容相符合

根据实际的画面尺寸、颜色、风格、内容、装饰背景来确定框的粗细、颜色、条形、大小等。框的大小由画面的尺寸而定，小的画面不宜配太粗的条形，如果要配卡纸，卡纸层数越多，卡纸面越宽，画框也随之增大。

画面内容如果较为华丽，可以用色彩较浓烈的画框相匹配，能够衬托出华丽的画面，如油画经常选择金色画框。

3. 画框与整体空间氛围相符合

画框不仅要能衬托画面，还要与悬挂作品的整个空间氛围一致，包括空间色调、家具材料、灯光和光源等，都是重要的参考因素。

4. 画框尺寸与空间相符合

画框本身的宽度尺寸要适当，如果空间较为开阔，可以选择宽度较大一点的画框，给人视觉上的冲击力。油画的画框一般较宽，现代风格作品一般较窄。

3.8.3 装饰画的搭配方法

装饰画的选择坚持"宁少勿多、宁缺毋滥"的原则，在一个空间环境里形成一两个视觉点即可。如果在一个视觉空间里同时要安排几幅画，必须考虑它们之间的疏密关系和内在的联系。

中式风格空间，可以选择书法作品、国画、漆画、金箔画等；现代简约风格空间，可以配一些现代题材或抽象题材的装饰画；时尚的空间，可配抽象题材的装饰画；田园风格空间，可配花卉或风景，或者自然气息的装饰画；欧式古典风格空间，可配西方古典油画。

图3-228　中式风格挂画

图3-229　抽象题材综合材料装饰画

图3-230 田园风格抽象装饰画

图3-231 欧式古典油画

图3-233 蓝白搭配装饰画

装饰画的色彩要与环境主色调进行搭配，一般情况下切忌色彩对比太过于强烈，也忌讳装饰画色彩与室内配色完全孤立，要尽量做到色彩的有机呼应，一般是装饰画色彩主色从主要家具中提取，而点缀的辅色可以从饰品中提取。

图3-232 暗红色系装饰画

图3-234 灰色系装饰画

3.8.4 装饰画布置方式

选择装饰画时还要考虑到其挂置位置的空间大小，如果墙壁上有足够的空间，可以选择面积较大的挂画；若空间其面积窄小，可采用较为小幅的挂画。

挂画的方式正确与否，直接影响到画作的情感表达和空间的协调性。挂画应控制高度，作用是为了便于欣赏。可以根据画品的大小、类型、内容等情况进行操作。

1. 装饰挂画高度

装饰画的"黄金分割线"是距离地面1400mm的水平位置，是挂画的最佳位置。同时根据主人身高作为参考，画的中心位置在主人双眼平视高度再往上100—250mm的高度为宜，为最舒适的看画高度；挂画的高度还要根据摆设物决定，一般要求摆设的工艺品高度和面积不超过画品的1/3为宜，并且不能遮挡画品的主要表现点。

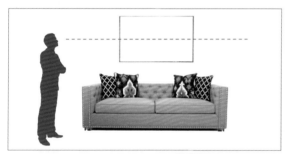

图3-235　装饰挂画高度

2. 装饰画布局位置

装饰画布局时要考虑摆放位置，以及与被装饰物体的比例关系。比如在沙发上的装饰画的面积是否过大，否则显得头重脚轻。通常视线的第一落点应是悬挂挂画的最佳位置，这样不仅能使空间饱满。

3. 对称和均衡挂法

装饰画的总宽应该比被装饰物略窄，并且均衡分布。同时选择同一色调或者同一系列的内容。

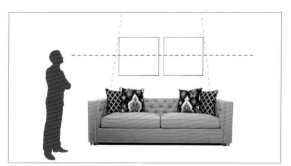

图3-236　对称挂法

图3-237　均衡挂法

4. 重复挂法

在重复悬挂同一尺寸的装饰画时，画间距最好不超过画的1/4，这样能形成整体的装饰性，不分散，不凌乱。多幅画重复悬挂能制造强大的视觉冲击力，但空间需要有足够的房高。

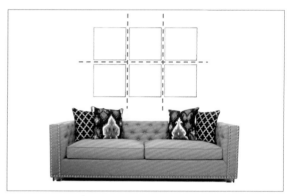

图3-238　重复挂法

5. 水平线挂法

水平线齐平的做法随意感较强，最好是同一主题，并采用统一样式和颜色的画框。

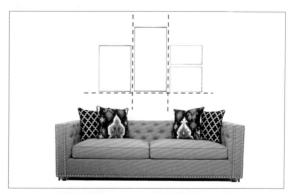

图3-239　水平面上方挂法

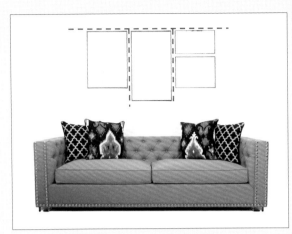

图3-240　水平面下方挂法

6. 方框线挂法

不同材质、不同样式、不同尺寸的装饰画布局时，周边需要构成一个方框，这样随意又不失整体感。

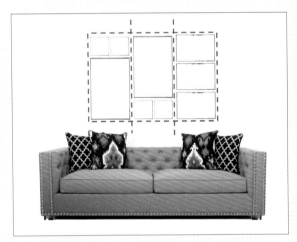

图3-241　方框线挂法

3.9　饰品摆件

饰品拥有独特的艺术表现力和感染力，起到烘托环境气氛、强化室内空间特点、增添审美情趣、实现室内环境的和谐统一的作用。

3.9.1　饰品摆件的种类

按照材质的不同可以分为：

1. 陶瓷工艺品

陶瓷的历史可以追溯到远古时期，如今传统的陶瓷工艺品也有新的发展，被注入了许多时尚的元素。

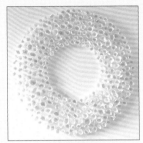

图3-242　陶瓷装置墙饰　　　图3-243　陶瓷工艺品

2. 树脂工艺品

分为天然树脂和合成树脂两大类。天然树脂有松香、安息香等；合成树脂有酚醛树脂、聚氯乙烯树脂等。树脂由于可塑性好，可以任意被塑造成动物、人物、卡通等形象，以及反映风景、节日等主题。

图3-244　树脂工艺品

3. 玻璃、水晶、琉璃工艺品

玻璃工艺品具有灵巧、环保、实用的材质特点，还具有色彩鲜艳的气质特色；天然水晶是一种颇受人们喜爱的宝石，它和玻璃的外观十分相似，但却是两种完全不同的物质。水晶玻璃是介于水晶与玻璃之间，同样采用纯手工的技法，把天然无铅的玻璃原料打造成水晶般高级工艺饰品。琉璃工艺品采用各种颜色的人造水晶为原料，用水晶脱蜡铸造法高温烧成的艺术作品称为琉璃工艺品，由于对光的折射率高，造就琉璃工艺品的晶莹剔透、光彩夺目。

图3-245 人造水晶工艺品

图3-246 琉璃工艺品

图3-247 水晶工艺品

4. 木制工艺品

木制工艺品具有木材质稳定性好、艺术性强、无污染且极具保值性等特点。

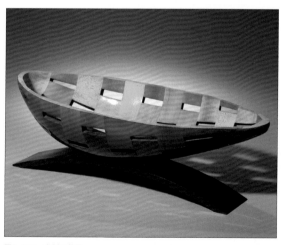

图3-248 木制工艺品

图3-249 木制工艺品

5. 金属工艺品

用金、银、铜、铁、锡、铝、合金等材料或以金属为主要材料加工而成的工艺品统称为金属工艺品。金属工艺品风格和造型可以随意定制，以流畅的线条、完美的质感为主要特征。

图3-250 金属工艺品

6. 其他工艺品

其他类别饰品有工艺蜡烛、香薰精油、烛台等。

3.9.2 不同空间的饰品搭配方式

不同空间常见的饰品搭配方式有：

1. 玄关饰品类物品

摆件、相框、花艺。

2. 客厅饰品类物品

茶几部分：茶几托盘、托盘物件（酒具、茶具各一组）、花艺、书籍、杂志、氛围搭毯、果盘、相框、咖啡饮品套件；

电视柜部分：相框、艺术摆件或烛台、花艺；

沙发：抱枕、腰枕、搭毯。

3. 餐厅饰品类物品

花艺、烛台、餐具组合及酒杯（按中餐或西餐制式摆放）、红酒桶、酒、冰块杯、桌旗。

4. 卧室饰品类物品

床体上部分：床品套件、主题抱枕、床上托盘、托盘摆件或酒具、杂志、主题艺术摆件、包包；

飘窗部分：飘窗垫、抱枕、主题摆件、咖啡饮品套件；

床头柜部分：相框、首饰盒、书籍、放大镜、花艺、温度计、闹钟；

电视柜部分：花艺、主题摆件、书籍。

5. 书房饰品类物品

书籍、办公用品、花艺、水晶球、烟灰缸、相框、艺术主题摆件、书档。

6. 卫生间饰品类物品

花艺、托盘套件、瓶装香薰、艺术装置品、卫浴5件套、毛巾、浴巾、毛巾丝带、毛巾扣、香水瓶、蜡烛、洗浴沐浴用品、白色毛地毯、杂志、杂志架、首饰盒、窗帘吊穗。

7. 厨房饰品类物品

花艺、厨具、蒸煮辅助工具套件、食品、饮料、酒器、砧板、玻璃罐子、水果蔬菜、蛋糕、菜谱及菜谱架、咖啡机、咖啡豆和罐体、红酒、装饰摆件等。

图3-252 卧室床头柜饰品

图3-251 客厅茶几饰品

图3-253 书房饰品

第4章 软装设计准备工作

4.1 设计准备工作

4.1.1 软装项目分类

软装设计项目一般包括地产楼盘及样板间、酒店公寓、办公空间、商业空间、文化旅游空间、私宅空间等。

首先需要根据不同的来源和服务对象进行分类。现今市场上，除了私宅空间是直接委托外，大多数软装设计项目都有招投标环节。无论是委托还是投标项目，对甲方的需求和招标文件的解读，以及与甲方进行交流相关问题和答疑，都直接影响着软装方案是否成功。

私宅空间需要对业主进行生活方式调查，通过各种渠道了解客户的喜好等。

地产楼盘及样板间需要了解整个楼盘的区域定位、目标客户、销售卖点和导览路线等，对项目本身的规划和定位有系统的了解；其次要研究户型结构特点和硬装装饰风格，分析如何有效地弥补户型或者硬装的不足；要了解地产项目和其目标客户欣赏或者指定何种软装风格。

商业酒店项目要从酒店整体定位和差异化竞争的要求进行设计，在研究各星级酒店对装饰陈列的规格要求后进行个性化设计。

办公和商业空间多是从实用角度出发，要充分考虑不同人群的交通流线。

4.1.2 住户生活方式调查

生活方式调查是设计师与甲方沟通内容的设定，是推敲甲方对未来室内效果的界定。

设计师通过交谈来了解甲方的家庭结构、主人职业、性格特点和生活愿望，通过聊天、阅览时尚杂志和网络咨询，讨论甲方喜欢的知名品牌、生活用品、色彩、旅游取向和兴趣爱好。通过以往的设计项目图片和影像资料播放给甲方观看，帮助甲方确定风格和搭配方式。依据色彩的偏好和性别差异，有助于制定室内软装的色调和色彩搭配方式。通过职业和兴趣爱好，可以引导房间主题的设定和饰品组合的搭配选择。

表4-1　设计项目情况和客户生活调查表

项目名称： _____；**项目总面积（建筑）：** _____；**预算：** _____

尊敬的_____先生/女士：

您好！

感谢您选择_____，我们为您提供室内设计及家居陈列软装配饰服务。为了让设计方案更加人性化、色彩搭配更具针对性，劳烦您与家人一同填写如下内容，使我们的服务更加让您满意，谢谢！

服务团队组成：

客户经理（营销对接）：_____

联系电话：_____

主案设计师：_____

联系电话：_____

助理设计师：_____

联系电话：_____

填单日期：_____年_____月_____日

编号：_____接待员：_____

一、客户基本情况：

姓名：_____（先生/女士）　年龄：_____　联系电话：_____

职业：_____ 兴趣爱好：_____

居住人数：_____ 房间数量：_____

成员与房间分配关系意向：_____

希望完工日：_____年_____月_____日

硬装施工情况：精装修□ 已完工□ 正在施工□（预计完工日期：_____年_____月_____日）

是否需要硬装改造：是□ 否□ 补充：_____

二、个性化部分

1.您对哪些风格感兴趣：欧宅□ 美居□ 现代□ 古典□ 中式□ 其他：_____

2.您对装饰画有何兴趣爱好：油画□ 实物装裱画□ 国画□ 现代装饰画□ 摄影作品□

3.在设计、装修配饰中有没有什么忌讳、禁忌：_____

4.有无宗教信仰：有□ 无□ 具体宗教：_____

5.是否考虑家庭健康用水的解决方案：是□ 否□ 空气净化的解决方案：是□ 否□

6.是否需要智能家居系统：安防□ 监控□ 背景音乐□ 智能灯光□ 窗帘控制□

7.是否需要专业的视听室：是□ 否□

8.是否养宠物：是□ 否□ 具体宠物：_____

三、玄关部分（门厅）

1.玄关的主要功能：装饰型□ 储物型□ 补充：_____

2.是否另外设置鞋柜：是□ 否□ 补充：_____

3.补充要求：_____

四、客厅部分

1.客厅的主要功能：接待型□ 舒适型□ 接待客人使用频率：经常□ 偶尔□

2.客厅的装饰色彩：红橙色系□ 蓝紫色系□ 黄绿色系□ 需要专业软装设计□

3.客厅内是否需要专业视听设备：是□ 否□ 补充：_____

4.主沙发面料：皮质□ 布艺□ 功能类型：装饰型□ 舒适型□ 功能兼具□

补充要求：_____

五、餐厅部分

1.家庭烹饪的特点：中餐□ 西餐□

2.餐厅使用人数：_____人 使用频率：经常□ 偶尔□ 餐桌形式：圆桌□ 方桌□

3.有无藏酒：有□ 无□ 是否需要配置：餐柜□ 酒柜□ 陈列柜□

4.是否需要在餐厅看电视：是□ 否□

补充要求：

六、书房部分

1.书房的使用功能需求：家庭使用□ 会客使用□

2.书房收藏品数量：多□ 较多□ 少□ 补充：_____

3.书房使用以何人为主：_____ 您的大概存书数量：_____

补充要求：_____

七、主卧室部分

1.床的要求：标准□(1800*2000、2000*2000、2100*2000) 加大□ 多床□

2.床垫软硬要求：软□ 中软□ 硬□ 补充：

3.是否需要梳妆台：是□ 否□

4.卧室整体装饰色彩：红橙色系□ 蓝紫色系□ 黄绿色系□ 需要专业软装设计□

补充要求：_____

八、儿女房部分

1.儿女数量：1个□ 2个□ 3个及3个以上□

2.儿女年龄：_____ 性别：_____ 儿女房使用频率：经常□ 偶尔□

　儿女年龄：_____ 性别：_____ 儿女房使用频率：经常□ 偶尔□

　儿女年龄：_____ 性别：_____ 儿女房使用频率：经常□ 偶尔□

3.儿女房装饰色彩：红橙色系□ 蓝紫色系□ 黄绿色系□ 需要专业软装设计□

4.书籍或玩具数量：多□ 较多□ 少□ 是否需要独立书柜：是□ 否□

5.有何兴趣爱好：_____

补充要求：_____

九、父母房部分

1.卧室整体装饰色彩：红橙色系□ 蓝紫色系□ 黄绿色系□ 需要专业软装设计□

2.是否需要独立电脑桌：是□ 否□ 是否需要独立书桌：是□ 否□ （功能兼具□）

3.父母有何兴趣爱好：_____

4.有哪些生活习惯或特点：_____

补充要求：_____

十、客房部分

1.您拟定的居住对象为：父母□ 宾客□ 佣人□ 其他：_____

2.卧室整体装饰色彩：红橙色系□ 蓝紫色系□ 黄绿色系□ 需要专业软装设计□

3.补充要求：_____

十一、卫生间部分

1.窗帘选用：铝百叶□　木百叶□　纱帘□　布帘□

补充要求：_____

十二、阳台、室外部分

1.对室外空间有何特殊需求：小型聚会□ 烧烤□ 书吧□ 个人休闲□

补充：_____

2.哪些地方需要封闭阳台：客厅□ 主卧室□ 儿女房□ 父母房□ 客房□

3.绿植的选择是否有特殊需求：

补充要求：_____

十三、其他部分

💾储藏室□　🐎健身房□　🎵音乐室□　🍵茶室□　🎨画室□　🚗车库□

🌸花房□　👤佣人房□　🀄棋牌室□　🎱桌球室□

补充要求：_____

_____

_____

您上次装修的时间：_____ 最大的遗憾：_____

目前居住的房屋的面积：_____ 最不便利的是什么：_____

从软装角度考虑最想解决的问题是：色彩统一□ 　家私美感□ 　风格协调□ 　人性化家居□

　　　　　　　　　　　　　　　合理布局□ 　精准尺寸□ 　节省时间□ 　健康环保□

4.1.3 现场勘察与分析

在设计创意构想前，设计师需要对场地环境进行了解，通过对现场环境的亲身体验和发现问题，形成对事物本身的个人理解和思考解决方案。每一个设计项目都有特殊的建筑室内空间环境，探究和发现建筑的个性、价值和理念，可以提高设计的内涵和价值。在进行现场勘察时，设计师用眼睛来观察，用经验来查找影响设计成果的方方面面，是侧面反映设计师水平的环节，对设计构思起着关键作用。

1. 现场考察和工具

现场考察的主要内容：

（1）空间的组合方式和房间尺寸；

（2）各空间比例和尺度关系；

（3）建筑与室内硬装装饰线条的韵律；

（4）材料机理和对比效果；

（5）日光和灯光对室内造成的作用；

（6）建筑与室内硬装材料的色彩；

（7）室内空间朝向和可观看的室外景色；

（8）查找需要改造的地方等。

图4-1　硬装现场考察

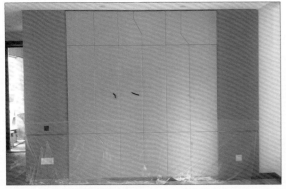

图4-2　硬装正立面造型素材拍照

空间测量主要携带的工具有：卷尺、激光测距仪、相机、无鱼眼广角镜头、记录笔、本子等。测量尺寸和绘出平面图、立面图，标明管线位置等。拍照主要分为：

（1）平行透视拍照大场景；

（2）成角透视拍摄小场景；

（3）节点和重点局部拍照。

图4-3　激光测距仪　　图4-4　卷尺　　图4-5　无鱼眼广角镜头

2. 现场考察周边环境

在某公寓软装项目设计前，设计师现场勘查了房间所处的楼栋和楼层，确认每个房间的面积、主要功能分类和窗户朝向，选择有利于表现与户型环境相匹配的主题和特色，分析房间内外环境的优劣，窗外主要观看的景色和对面建筑的类型。（现场信息和周边环境列表，见附录图4）

3. 考察已有产品及分析

将现场已有的软装元素进行清点，对已有产品样式进行室内环境匹配度评价，思考未来设计主题与现场产品如何搭配，最终决定是否保留、更换位置或者变更原产品。

图4-6　现场已有产品

图4-7　检验和拍照已有产品

4.2 设计招标文件解读

4.2.1 招标基本知识

1. 概述

招标投标，是在市场经济条件下进行大宗货物的买卖、工程建设项目的发包与承包，以及服务项目的采购与提供时，所采用的一种交易方式。

在这种交易方式下，通常是由项目采购的采购方作为招标方，通过发布招标公告或者向一定数量的特定供应商、承包商发出招标邀请等方式发出招标采购的信息，提出所需采购的项目的性质及其数量、质量、技术要求，交货期、竣工期或提供服务的时间，以及其他资格要求等招标采购条件，表明签订采购合同的意向，由各有意提供采购服务的供应商参加投标竞争。

经招标方对各投标者的报价及其他的条件进行审查比较后，从中择优选定中标者，并与其签订采购合同。

2. 招标类型

招标类型常见的有公开招标、综合比选、邀请招标、竞争性谈判、单一采购或询价采购。公开招标、综合比选适用于国家明文规定的必须进行招标的项目，以及集团公司需要外包的大型项目。邀请招标主要是不适合公开招标的工程，对有能力的投标人发出邀请进行招标；竞争性谈判是招标后没有供应商投标，或者没有合格标的，或者重新招标未能成立的；技术复杂或者性质特殊，不能确定详细规格或者具体要求的。单一采购是货物特殊只能从唯一供应商处采购的；紧急需要采购的；货源充足、技术规格成熟，价格变化不大的货物。

4.2.2 软装招标文件

软装设计招标一般是在硬装设计定标之后，开始进行的程序，是由软装设计公司的业务部通过报名、资质初步审查和缴纳标书费用，取得招标信息和招标文件。

招标文件涵盖招标单位、项目名称、招标内容、合作范围、合作方式、服务时间、设计单位资质、招标文件发放时间和地点、投标文件编制、投标文件（技术标和商务标）份数、文件递交方式、投标截止时间、方案提交方式、答疑时间、开标时间和地点、评标、技术要求、版权、合同、稽查举报、廉政合作协议、设计安全技术标准等。

招标文件针对设计部分的内容一般有：软装工程招标文件、房间精装方案设计和风格选定策划、硬装设计施工图纸、硬装物料表、软装工程合同和审批表、方案回标模板、软装清单和预估数量等。

工程报价包含设计、供应、运输、安装、摆放、保修期内维修及保养等费用及税金、利润、保险以及政策性文件规定的各项应有费用及招标文件明示或暗示的所有一切风险、责任和义务的费用，还有合同期间各类材料、设备的市场风险和国家政策性调整以及安装条件确定风险系数计入综合单价。

4.2.3 软装招标任务书

别墅样板间软装设计任务书

一、项目概况

1.1 项目名称：110地块别墅软装设计

1.2 软装面积：

别墅175户型样板间：美式乡村风格。

别墅145户型样板间：现代风格。

二、设计范围

2.1 110地块别墅2套实景别墅样板间软装设计、制作及摆场；

2.2 室内设计范围：

户型	室内面积
别墅175户型	266.3 ㎡
别墅145户型	215.7㎡

注：最终以实际面积为准。

三、设计依据

3.1 甲方确定的室内深化方案图

3.2 项目本身固有的特征。

四、风格定位及假想客群

4.1 别墅175㎡户型建议美式乡村风格

人物：老人一代（两口人，儿女偶尔回来住，还有一个小孙子）；

年龄：老两口年龄在60左右，儿子和媳妇都在30-35之间，孙子5-10岁；

教育情况：老人是知识分子，儿女均受到高等教育；

客户描述：老人两口是知识分子，大学教授退休后在家，喜欢看书、旅游；儿子和媳妇目前是上班一族，每周末回家侍奉老人，在家喜欢从事动手的工艺活动；孙子目前上小学，喜欢棒球运动。

4.2 别墅145㎡户型建议现代风格

人物：三口之家

年龄：男女主人在35-45岁之间，孩子在10岁左右；

教育情况：本科以上学历；

客户描述：受到良好的教育，在生活上有一定的追求，男性在公司属于基层领导阶段，平时下班回家喜欢读书；女性是全职家庭主妇，在家喜欢进行手工艺，因此日常生活中经常可以看到插花、写书法等文艺活动；女儿现在上小学，是一个小公主，平时比较喜欢看美剧。

五、出图时间

出图时间	日期	图纸数量及格式	备注
投标方案阶段	2016.9.30-2016.11.10	各个空间展示方案及平面点位图（电子版）	可以是PDF文件或是PPT文件
方案深化阶段	2016.11.11-2016.11.30	材料清单一份，格式Excel（电子版） 方案饰品连线图一份，格式JPG（电子版） 方案附图带设计说明一份，格式JPG（电子版）	可以是PDF文件或是PPT文件
订货、加工	2016.12.1-2017.2.28	材料清单一份，格式Excel（电子版） 方案饰品连线图一份，格式JPG（电子版） 方案附图带设计说明一份，格式JPG（电子版）	可以是PDF文件或是PPT文件
布场	2017.3.1-2017.3.7	材料清单一份，格式Excel（电子版），纸质版A4六套 方案饰品连线图一份，格式JPG（电子版），纸质版A3六套 方案附图带设计说明一份，格式JPG（电子版），纸质版A3六套	电子文件可以是PDF文件或是PPT文件，纸质文件必须是彩色打印，必要时用照片纸。

六、成本控制：

两个别墅样板间软装造价均控制在3500元/㎡。

七、设计要求：

包括但不限于以下内容：活动家具、装饰灯具（吊灯、壁灯、落地灯、台灯等）、窗帘、床品、雕塑摆件、挂画、花艺、托盘、酒具、烟缸、装饰毯、靠包靠垫、烛台、玻璃器皿、餐布、挂镜、餐具、刀具、餐巾、餐垫、碗架、仿真水果及蔬菜、装饰酒瓶、储物罐、调味罐、相框、纸盒、卫浴套装、毛巾浴巾、手纸盒、化妆品、鞋、衣服、包、香薰系列、电视、冰箱、洗衣机等。包括灯具、洁具、厨具、电器设备及其他户内装修配置设备，空调不在此费用中。

7.1 本项目委托的主创设计师在没有甲方同意情况下不得随意调整。引导客户消费为主，通过软装配饰再次提升固有的品质。

7.2 注重差异化。要与周围或是同档次的样板有所区别和超越，展示固有的品质和创新精神。户型内部根据功能及设计需要进行合理优化，应满足国家及地方规范，充分考虑生活功能需求，应考虑本地气候特征等相关因素。

7.3 软装设计风格：

7.3.1 整体风格：款型奢华贵气，雕花及面料细节细致精致。可用金属色点缀；造型现代，气氛清新。

7.3.2 家具款型优雅，面料选用清爽雅致，花型与素面结合使用。

7.3.3 灯具整体造型应饱满，吊灯选择单层即可单灯体直径要与空间匹配；

7.3.4 饰品器皿采用现代款型，成组摆放丰满且高低错落；选用颜色清新艳丽造型较为新意的花枝。

7.3.5 卫生间饰品选用一些材质较为清新的摆件，洗手台不要摆放过满，应高低错落，形成美的组合。

7.3.6 在样板间软装饰上应特别注重品质和细节，让客户能体会到高档次、高品位的产品，对产品有购买的欲望和信心。

八、图纸要求：

8.1 根据平面布置图分区设计内容包括活动家私、布艺、挂画、绿植、灯具、配饰等。

8.2 软装设计公司参考室内设计图纸，效果图只是作为参考。每个空间，至少要有一到两件打动人的产品，色调稳重，注重品质。

8.3 按空间及区域绘制平面连线图，附上所配的图纸、按区域空间配置详细的报价明细表、制作空间及区域汇总表。（报价清单为Excel文档）

九、项目联系资料：

专业	姓名	职务	联系方式

十、附表（提案格式可考虑以下形式，详细附录见附件）

	区域	基本内容	数量	配置原则
1	售楼处	吊灯		1、选型原则：灯具整体造型应饱满，吊灯选择单层即可但灯体直径要与空间相搭配，壁灯为双头； 2、颜色选择原则：灯杆、灯托等部位为金色或为白色，灯罩为暖黄色（杜绝使用白色或灰色），光源为暖光源； 3、材质选择原则：灯杆、灯托等部位金属、玻璃陶瓷均可，但不可选择白色透明玻璃，因成本所限可酌情选择施华洛世奇水晶以外的捷克或印度水晶均可；
2	简欧样板间卧室	地毯		1、选型原则：款型标准，尺寸不宜过小； 2、颜色选择原则：浅色长绒，建议有收边纹样的； 3、材质选择原则：羊毛、纤维或羊毛+纤维均可；
3	新中式客厅区家具	转角沙发		1、整体原则：款型典雅贵气，雕花及面料细节细腻精致，可用金属色点缀； 2、选型原则：家具选用全尺寸家具（不得随意缩小），床选用高靠背或床幔等形式； 3、摆放原则：沙发采用拐角沙发，配以茶几； 4、材质选择原则：沙发为高档布（绒）面或皮面，其他部位以木制为宜，杜绝使用金属、石材玻璃等材质；
		茶几		
		梳妆台		
		配镜子		
		梳妆凳		
		梳妆台区域		
		单人沙发		
		边几		

4.3 设计启动工作

4.3.1 软装项目立项会议

设计公司在获悉招标文件后，需要组织项目立项会议和进行可行性评估，研读招标文件，提出质疑，了解标书重要信息和关键节点，如开标时间、投标单位提出答疑的时间；投标保证金数额；资格审查文件；投标文件是否需要电子文件；投标单位或主设计师资质；商务文件和技术文件涵盖内容。

另外，立项会议选择应对投标的设计小组，分析项目地之前的设计案例和招标项目公司情况。设计小组需掌握项目公司的喜好，了解投标竞争对手。对招标信息中特殊内容进行标明和确认，制定投标方案文件编制节点。

设计部联合采购部和财务部进行商洽，从设计和商务的综合角度分析价格是否能在甲方规定的范围内完成设计需求，商讨投标标的费用。

设计小组需要初步落实制作内容和时间周期，针对招标文件的时间和施工完结时间制定工作计划安排，确保软装各类产品的施工、运输和布场有充足的时间。

4.3.2 设计答疑及案例

1. 设计答疑任务

通过阅读招标文件和现场考察，结合甲方初次交谈内容，对硬装设计方案和施工图纸认真阅读，提出针对项目的疑虑，明确硬装和软装之间的界定。主要内容有：

（1）项目中硬装和软装的家具界定。

（2）室内各个空间的灯具界定，尤其是吊灯和壁灯。

（3）设计区域内的主题风格有无特殊要求。

（4）项目中电器部分的界定，如分体式空调、厨房电器、电视机、洗衣机、电冰箱和其他电器。

（5）绿植景观部分的硬装和软装的界定，如花池中的基层和植物、墙体垂直绿化、植物的真假选择、石料的施工和安装等。

（6）硬装图纸中特殊内容、模糊内容的确认等。

2. 设计答疑案例

答疑内容用文件形式进行存档和确认，通过施工图纸和颜色标记的方式提出疑问，甲方根据疑问进行回复。在功能空间和效果图已经确定的情况下，可以对相关饰品造型进行提问。

（1）提问：户型图纸上红色区域表示的柜体是否硬装提供？甲方回复：除玄关柜外，其余是由硬装是施工。

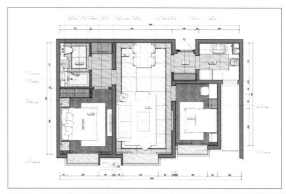

图4-8　柜体制作的界定

（2）提问：餐厅是否更改为顶装吊灯，是参考第一次硬装图纸还是之后补发图纸？甲方回复：以最新的施工图图纸为准。

（3）提问：主卧标记区域是装饰置物台还是柜体？甲方回复：无柜体，软装建议是否设置为装饰摆台。

图4-9　物品造型确认图

（4）提问：次卧二是否可以根据空间需求改为书房？甲方回复：可以。

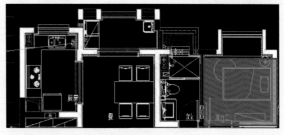

图4-10　空间功能变更

（5）提问：硬装施工图中客厅"L"型家具是否可以做出调整？甲方回复：根据效果提出更好解决方案。

图4-11　家具布局和组合形式变更

（6）提问：女儿房卧室空间相对较小，是否考虑与书房空间替换？或者设置为婴儿房？甲方回复：保证南向为书房，此房改造成女儿房或者婴儿房自行决定。

图4-12　功能空间变换

（7）提问：红色区域的壁挂是否由软装提供？若是，样式是否可以更替？甲方回复：是的，根据效果设计。

图4-13　壁挂样式的变更

（8）提问：户型图纸上红色区域，软装是否可以增设或改为吊灯？甲方回复：依据硬装施工图决定。

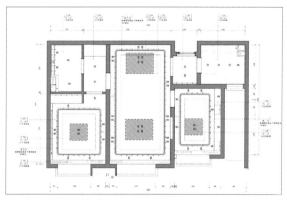

图4-14　照明和灯具的界定

（9）提问：客厅和卧室背景墙壁画是硬装施工还是软装提供？甲方回复：硬装施工。

图4-15　客厅背景墙壁画的界定

图4-16　卧室背景墙壁画的界定

4.3.3 软装意向解析

地产集团类的售楼部和样板间对软装要求最高，是集团促销的重要利器。因此，对软装意向要精心和细心理解。主要注重以下几个方面：

（1）视觉效果。样板间要给参观者赏心悦目的感觉，设计侧重在视觉效果上，会促进楼盘的销售。

（2）陈设文化。软装的文化内涵是能够让人印象深刻的因素，起着重要作用，是成为经典案例的关键。

（3）流行趋势。深入研究消费者的消费心理和当下最受欢迎的设计时尚和风格。

（4）人物设定。每一个楼盘和户型都有精准的销售目标人群，文件中提供了客户的年龄段和家庭结构，置业次数和兴趣爱好，这对软装要素的选择起到了重要作用。

（5）空间功能设定。硬装方案中指明的空间功能是否产生了变更，是否增设书房、健身房，父母房，餐厅桌子是否放置圆桌，儿童房是否做成榻榻米等。根据硬装空间功能划分，可以判定方案必须表达的细节内容。

（6）分析图纸和材料搭配。重点查看硬装施工图纸，了解空间细部结构、施工方法、施工材料及各种尺寸，材料搭配和效果图表现影响着软装方案的整体色调和家具饰品的材料偏向。

图4-17 人物设定参考和平面布置图

原建筑平面图　　　　　　　　优化后平面图

图4-18 空间功能设定

图4-19　招标文件客厅效果图和风格样式参考

图4-20　招标文件主卧效果图和风格样式参考

图4-21　招标文件书房效果图和风格样式参考

图4-22　招标文件主卫效果图和风格样式参考

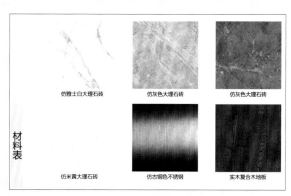

图4-23　招标文件硬装材料表

4.4　户外空间软装界定和案例

4.4.1　户外软装空间的界定

在展示区的公共空间和室外庭院空间，需要进行景观软装设计和制作。一般室内外的基底层属于硬装或者景观工程承建，景观装饰性的可移动物品、装饰作用的绿植、家具、饰品等属于软装范畴。

景观软装是在已确定的功能空间内进行装饰。展示区中，主要对窗外、过道、休息区、迎宾区等进行绿植和饰品布置。户外庭院主要是室内软装向外部生活空间的延续。

室内的景观软装方案需要进行区域界定，指明软装涉及的范围；针对空间属性和功能需求，确定软装样式和制作内容的界定，明确软装和硬装的分工；对绿植进行划分，将装饰性绿植进行设计，而景观工程类绿植应该归属景观公司处理；对景观软装设计的内容和产品进行布点说明，便于采购、施工和验收。

图4-24　室内景观软装区域界定

图4-25 室内景观软装样式界定

图4-26 室内装饰性绿植的界定

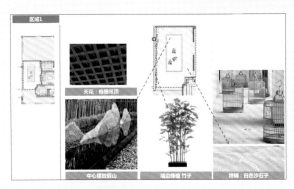

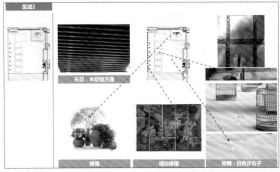

图4-27 室内景观软装产品布点

4.4.2 庭院软装设计案例

室外景观软装风格要与室内软装一致，在注重耐用性的同时提高品质，要充分考虑室外不同的空间功能，如休息洽谈区、餐饮区等，家具布局方式和样式要与景观空间一致。因此在设计室外软装时，会将景观效果图一并展现。

图4-28 提供室外软装设计的参考效果图

图4-29 室外庭院意大利风格软装

图4-30 室外庭院英式风格软装1

第5章 软装设计理念和空间布局

5.1 设计资料收集

设计理念需要设计师大量的知识积累和案例学习的过程，不断地进行案例分析和收集设计素材，并且分门别类地进行归纳整理。

世界之窗阳光大床房

时间记忆阳光双床房

赫本怡梦阳光大床房

英式公爵商务湖景大床房

格调空间阳光大床房

格调空间阳光大床房

倔强天使湖景大床房

世界之窗阳光大床房

图5-1 对标品牌竞争对手作品

5.1.1 对标竞争作品

行业装饰成果是学习经验和教训的最佳案例。设计师除了进行现场勘察外，还需要调研行业内其他公司和设计师的作品。依据软装投入资金额度、装饰风格、色彩搭配、布艺质感、主题设定等方面进行分析和对比。根据调研结果可以提出应对方法，提高作品品质来提升甲方对设计的认同。

5.1.2 对比甲方以前软装成果

对以往房间软装进行现场调研和分析，可以推断出甲方的喜好和作品接受程度，以及分析成果需要改进的问题。有针对性和改进型的设计会赢得甲方的认同。

例如在某室内软装投标项目中，对以前室内软装空间分析和总结：

（1）家具尺寸与空间尺度存在不合理现象；

（2）色调虽然是暖色，但缺乏主色调的设定，没有很好运用对比色和补色进行协调，深色家具与其他空间色调不够协调，造成空间暗淡；

（3）装饰画尺寸与家具、墙面尺寸存在不合理；

（4）沙发等抱枕的数量和色彩选择没有层次；

（5）室内缺乏主题氛围，家具风格不统一。

图5-2 分析和对比甲方以往成果

5.1.3 行业优秀作品调研

优秀软装成果的实地调研，亲身感受现场与方案之间的差异。对空间和家具尺度进行体验，了解成熟的空间布置方法和软装饰品搭配规律。对家具、灯具、地毯等材料和工艺进行全方位的认知。

图5-3 客厅

图5-4 角几

图5-5 书房

5.1.4 设计素材收集与提炼

设计师搜集大量能够展示需求的各类图片，如城市照片、生活剪影、家居饰品、时尚活动、近似风格案例、体现工匠品质的产品细节、流行时尚搭配等，目的是帮助设计师寻找未来生活方式和精细化细分室内设计类别，也可以提供甲方对未来室内环境的憧憬。

获得软装素材的途径主要有国内外知名的设计网站、博物馆艺术馆网站；国内外知名和顶尖级博览会；国内外终端生产厂家；独立创新的自由设计师等。

在寻找素材的过程中，要注意以下三个方面：

（1）稳。在寻找材料时心态要稳定，根据设计方案的需要去找素材，不能陷入某类素材里面，导致方案制作时间延后影响原来设计方案的实施。

（2）准。寻找素材要理清哪些方面是主要的，哪些方面是次要的。根据具体的项目，有时候是以家具为主，有时候是以饰品为主。具体项目不同，其出发点就不同。

（3）狠。把握准方向，有的放矢，要懂得取舍。

图5-6 法式设计素材与生活憧憬

图5-7 中式设计素材与生活憧憬

5.2 构建设计理念

5.2.1 设计理念创新

设计理念是设计师对未来美好生活的诠释，引导人们营造高品质生活的思路和体系，针对市场新的发展趋势和对设计风格新的诠释，创造出多种设计灵感和设计理念。

图5-8 都市印记设计理念

图5-9 典雅主义设计理念

图5-10 华丽篇章设计理念

图5-11 东方印象设计理念

5.2.2 搭建美好生活

在家居软装方案中，可以通过词语的不同含义、寓意和谐音进行构成，如以"享家"为中心，进行"构想""思想""梦想"三个不同主题设定住宅空间，用粉紫色和白色搭配、红蓝对比色搭配、橘色与黄色近似色搭配等对应不同主题，采用色块、居室环境、花卉展现色彩灵感，用关键词和对应的图片展现设计立意，用匹配的风格造型对应主题。

图5-12 "享家"设计理念搭建

图5-13 "构享家"设计灵感

图5-14 "思享家"设计灵感与色彩搭配

图5-15 "梦享家"设计风格与设计特色

5.2.3 风格引导生活

对风格明确的家居，可以通过搜集风格的历史沿革、经典图例、影视剧照、民俗风情等，提炼风格对应的软装特色和造型元素，体会出新的理解、新的组合方式、新的设计创意等，用简单的关键词进行概括和组合，使人记忆深刻和铭记。

图5-16　北欧风格之现代冷灰

图5-17　简欧风格之桃花朵朵开

图5-18　德意志工业风格

图5-19　缤纷东南亚风格

图5-20　地中海风格界定

图5-21　田园美式风格

5.2.4　诠释地域文化

软装设计和选择配饰中需要注意文化意境的影响和营造文化意境，要对地域风情或者异域文化进行诠释，了解当地的不同艺术作品和生活习俗，掌握不同地区不同领域之美，给设计提供不同的视野和灵感。

图5-22　意大利地域文化之最美的眼泪

图5-23　英国地域文化之最美的繁星

5.3 设计要素与选择

软装设计要素的选择主要考虑产品是否与主题搭配，尺寸是否合理，风格和产品样式是否统一，色彩和材料是否协调，工艺和品质是否满足需求，产品成本与资金投入的关系，亮点是否突出等。注重内在品质和内涵，以少胜多，遵从创新设计原则，满足客户的心理需求和生活追求。

软装要素选择的先后顺序可以是：

（1）功能性产品，如家具、布艺、灯饰、日用品；

（2）装饰性产品，装饰画、花艺、摆件；

（3）收藏性观赏性产品。

软装各类要素的比重关系大致上是家具占60%，布艺占20%，其他占20%。

5.3.1 以产品品牌和成本为依据

在装饰设计过程中，工程造价和产品生产成本是制约设计师发挥的首要因素。针对设计项目的造价、风格要求、色彩搭配和材料选择等，筛选和确定产品品牌和生产厂家，缩小产品选择范围，提高效率。通过产品品牌的筛选，运用产品宣传图片和以往装饰成果，以情境图片展示产品的未来效果，即提供给设计师新的思路，也使甲方有了深刻的印象和预判，同时展示了设计公司的实力。

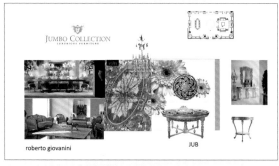

图5-24 客餐厅家具样式及品牌选择

图5-25 洗漱间家具样式及品牌选择

图5-26 卧室家具样式及品牌选择

图5-27 书房家具样式及品牌选择

5.3.2 以主题为依据的要素选择

根据主题进行选择设计要素，通过人们已有的印象联想设计效果，具有很强的指向性，可快速的确定色彩搭配方式、家具选型、饰品种类和布艺类型，容易得到认可。

1. "桃花朵朵开"主题

受到《三生三世十里桃花》的影响，以桃花粉色的主色调，选用粉色绒面沙发和窗帘，缎面床幔和抱枕，搭配白色家具，创造浪漫的气息。沙发上点缀糖果绿色的抱枕和粉绿色花环，整体空间甜美和清新。

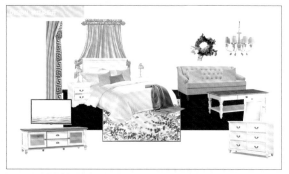

图5-28 "桃花朵朵开"主题方案

图5-29 "桃花朵朵开"整体效果

2. "绿野仙踪"主题

以一部童话电影为线索，在电视背景墙满铺绿色植物墙，其他墙面用灰绿色编织纹海吉布作为背景，结合绿色短绒床幔，犹如进入梦幻的森林和增添浪漫气息。白色橡木美式家具和配金色台灯的白色布艺床品，让人们仿佛置身在森林中，可以安静阅读。

图5-30 "绿野仙踪"主题方案

图5-31 "绿野仙踪"整体效果

3. "德意工业"主题

以德国工匠精神、严谨的哲学和工业成就为设计灵感源泉，选择工业风的钢架茶几和钢管书桌椅，黑色皮革沙发，粗犷的树枝衣架，构成工业风。抱枕和窗帘布艺选用黑红黄的德国国旗色，配上足球、望远镜等饰品，直接切入主题和幻想世界杯的荣耀。

图5-32 "德意工业"主题方案

图5-33 "德意工业"整体效果

4. "有氧生活"主题

结合现今社会倡导"健康"生活为背景，整体以绿色为主色调的健身主题亲子套房。客厅选用绿色芭蕉壁画和天堂鸟绿植相呼应。家具采用白色和原木色盖板结合的美式乡村风格家具，布艺选用绿色而富有自然气息的图案。

图5-34 "有氧生活"亲子套房主题方案

图5-35 "有氧生活"客厅效果

5. "民国记忆"主题

依据武汉外滩民国风情为导向,用绿色漆皮沙发和姜黄色抱枕唤起民国时期的文化记忆。选择厚重的雕花皮革床具,黑色胡桃木书桌,皮革拉扣高背椅,皮箱茶几,石膏装饰条纹等复古家具和装饰样式。

图5-36 "民国记忆"主题方案

图5-37 "民国记忆"整体效果

5.3.3 以风格为依据的要素选择

1. "现代冷灰"北欧风格

以黑白灰为主色调,选用欧式线条配合象牙白墙面,烟灰色沙发及床背,灰白菱纹地毯和床头灯,玻璃镜面床

头柜和电视柜,将高级灰的中性色进行微弱的变化,产生柔和而统一的时尚格调。另外点缀红色搭毯和菱形金边抱枕,将灰白色空间增加了层次,犹如红酒倒入水晶杯中,香醇而清亮。

图5-38 "现代冷灰"休息区

图5-39 "现代冷灰"会客区

2. "禅意中式"风格

偏重于一种意境和超然脱俗。用窄边深色漆和白色布艺展现中国水墨画般清雅气质,中国蓝贯穿其中,充满东方情怀。要素选择具有中国文化符号的扇子、彩陶、手绘水墨玻璃裂彩画和各种传统明清家具等。

图5-40 "禅意中式"新中式风格方案

图5-41 "禅意中式"整体效果

3. "爱马仕尊贵"现代轻奢风格

运用现代轻奢风格，以"H""马车""橘色"元素为代表，运用橘色皮质硬包墙面、床头灯、橘色抱枕和窗帘、以及菱形图案地毯突出风格要素，艳灰色对比呈现出强烈的冲击力。皮质沙发和床体彰显品质，金属材质和白色钢琴漆结合的家具显得时尚和尊贵。

图5-42 "爱马仕尊贵"现代轻奢风格方案

图5-43 "爱马仕尊贵"整体效果

4. "缤纷东南亚"风格

东南亚风格受到不同文化和热带气候的影响，以热带雨林的缤纷色彩中的墨绿与绯红进行大胆跳跃的色彩搭配，墙面壁画大胆选择热带雨林图案，墨绿色绒面沙发上点缀红色抱枕，金色镶边的装饰画选择玻璃裂彩技术的孔雀图案。选用深褐色美式家具和荷兰设计师作品Moooi Pig Table，配上绚丽的土耳其地毯，灯具采用镂空造型，尽显生活的热情和梦幻舒适的度假时光。

图5-44 "缤纷东南亚"风格方案

图5-45 "缤纷东南亚"整体效果

5. "地中海蓝调"风格

空间以蓝色为主色，黄色进行点缀搭配，如蓝黄相间的窗帘，宝蓝色瓷瓶配以黄色的跳舞兰，编制纹理的黄蓝色抱枕。亚麻色沙发和简欧风格的深色家具，让空间显得沉稳和悠闲。

图5-46 "地中海蓝调"风格方案

图5-49 "粉绿人生"整体效果

图5-47 "地中海蓝调"客厅效果

6. "粉绿人生"美式风格

依据田园美式风格，以绿色和黄色搭配，选择小清新碎花墙纸，柳绿色抱枕和床旗，薄荷绿飘窗垫和窗帘，碧绿色基座的床头灯，打造轻松安静的空间氛围。黄色抱枕、花艺、原木色盖板的白色家具，以鲜艳的色彩增加活力。

图5-48 "粉绿人生"主题方案

5.4 软装空间布局与设计

5.4.1 空间布局原则

1. 变化与统一的原则

软装布置在整体设计上应遵循"寓多样于统一"的形式美原则，根据大小、色彩、位置使家具、织物、艺术品、植物等构成一个整体，营造自然和谐、雅致的空间氛围。过分统一会造成呆板，过分变化会造成凌乱。统一是材质统一、形态统一（近似、相似、重复）、色彩统一、风格统一。统一的艺术风格和整体韵味，最好成套定制或尽量挑选颜色、式样格调较为一致的元素，加上人文融合，进一步提升居住环境的品位。

2. 比例与尺度的原则

比例是理性的、具体的，尺度是感性的、抽象的。圣·奥古斯丁说："美是各部分的适当比例，再加一种悦目的颜色"。比例是物与物的相比，表明各种相对面间的相对度量关系，在美学中，最经典的比例分配是"黄金分割"，反映在设计中是宽度和长度的比为2：3的矩形。黄金分割比还包括短线和长线的比，即级数2、3、5、8、13、21、34等，后面的数字是前面两个数字之和，是黄金分割比的近似值，优美比是4：7。

尺度是物与人（或其他易识别的不变要素）之间相比，不需涉及具体尺寸，完全凭感觉上的印象来把握。尺度的原则是避免大而不见其大，小而不见其小。

3. 对比与协调

"对比"是美的构成形式之一，在软装布置中，对比手法的运用无处不在，涉及空间的各个角落，如风格上的现代与传统，色彩的冷暖对比、色相对比、纯度对比、明度对比，材质上的柔软与粗糙，光线上的明与暗，形态的对比等。对比增强了空间的趣味，使风格产生更多层次、更多样式的变化，从而演绎出各种不同节奏的生活方式。过于强烈则紧张，没有对比的主题很难突出。

协调是将对比双方进行缓冲与融合的一种有效手段。

4. 节奏与韵律

节奏与韵律是密不可分的统一体，是美感的共同语言，是创作和感受的关键。通过体量大小的区分、空间虚实的交替、构件排列的疏密、长短的变化、曲柔刚直的穿插等变化来实现。在软装中虽然可以采用不同的节奏和韵律，但同一个房间忌讳使用两种以上的节奏，会让人无所适从、心烦意乱。

5. 对称与均衡

对称与均衡是从形和量方面给人平衡的视觉感受。对称是指以某一点为轴心，求得上下、左右的均衡，统一性较强，具有端庄、严肃、平稳、安静的感觉，不足之处是缺少变化。均衡是对称的变化形式。

对称与均衡在一定程度上反映了处世哲学与中庸之道。现代软装往往在对称的基础上进行变化，造成局部不对称或对比。另有一种方法是打破对称，或缩小对称在室内装饰的应用范围，使之产生一种有变化的对称美。

6. 主从和谐的原则

主从关系是软装布置中需要考虑的基本因素之一。在软装装饰中，视觉中心是极其重要的，人的注意范围一定要有一个中心点，这样才能造成主次分明的层次美感，这个视觉中心就是布置上的重点。

5.4.2 空间布局优化

在家居空间里，一件家具、一个花瓶都有自己的尺度，当它们存在于一个特定的空间里，尺度大小就会与空间发生必然的联系，成为整体的一个部分。随着空间的变化，有时会显得拥挤，有时显得空旷，只有在适当的尺度下才会有完美的视觉效果。

1. 家具空间布局

软装设计首要任务是进行空间布局和家具布置，家具落位图是利用平面图的表述方法说明家具布置位置、家具类型、家具关键性尺寸、通道尺寸、家具与墙体间的距离等等。

根据家具落位图来考量设计是否合理，家具类型是否符合空间尺度，家具尺寸是否符合人体工程学和家具一般尺寸要求。

家具落位图纸将承重墙和非承重墙体进行表明，柜体和移动性家具通过不同色彩分别表明，地面衬托出家具图

例，让图纸一目了然。暖色系图纸给人温馨舒适的感觉。

2. 空间布局优化

软装空间优化是在硬装的基础上，对功能空间布局和硬装墙面装饰细节进行深入了解，合理布置家具种类和制定家具尺寸，局部调整家具在空间中的布局，达到软装与硬装协调统一。

通过三维辅助软件可以清晰观察到室内的空间组合方式，了解硬装材料使用状况，分析室内已有的色调和装饰结构，可以辅助制定软装采用材料和造型细节。软装设计师将家具模型按照设计的尺寸放置在软件中，能够得到相对合理的结果，并做出设计调整。

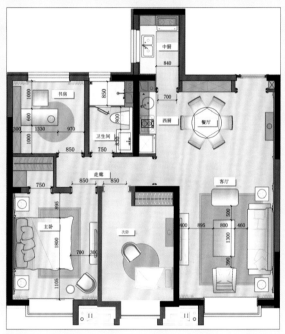

图5-50 家具落位图

图5-51 模拟室内硬装效果

3. 布局优化案例

根据甲方家庭组合方式和生活工作方式，可将原本硬装方案进行调整和布局调整。如将三室居室的户型中的一间次卧变更优化成书房，并且书桌可采取面对房门布置。

主卧空间为了展示效果，床尾榻换成电视柜，通高衣柜变更成五斗柜和挂画等等。

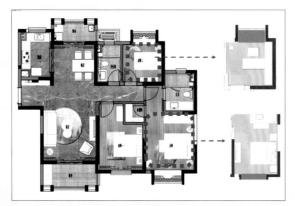

图5-52 室内功能空间优化

4. 空间放样

在现场，按照平面图中软装产品具体尺寸绘制放样图，根据各种家具大小、摆放位置放样，分析空间布置和尺寸制定存在的问题。现场放样是从设计到施工的关键步骤。

图5-53 室内餐饮空间放样

5.4.3 人体工程学应用

1. 客厅

客厅空间尺寸中，要注意沙发与茶几之间的位置关系，能够满足使用者的腿部摆放和旁人的通行。同时还要注意沙发与侧面家具之间的距离，以及沙发之间的距离。茶几的高度尺寸要与沙发坐垫高度协调，以方便使用。

图5-54 室内卧室空间放样

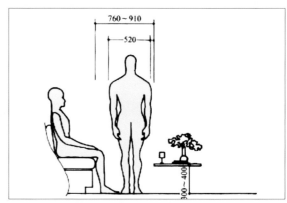

图5-55 客厅沙发区域尺寸

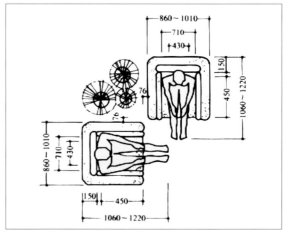

图5-56 客厅沙发组合间尺寸

2. 餐厅

餐厅要考虑用餐时，座椅背后预留出人们的通行区域，一般为500—600mm宽。靠墙的座椅背后也要留有空间，最好是桌体边缘距墙体700mm宽，便于使用者推拉座椅和入座用餐。

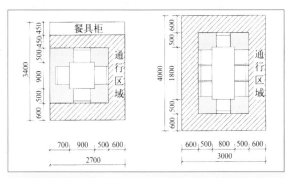

图5-57 餐厅用餐区域尺寸

餐桌尺寸要充分考虑用餐区域和公共区域，满足基本用餐和摆盘需求。圆桌的座椅背后也应预留500—760mm左右的空间。餐桌上的灯具高度需考虑视线不应被遮挡，一般在480—680mm之间，最好选择高度能够调节的灯具。

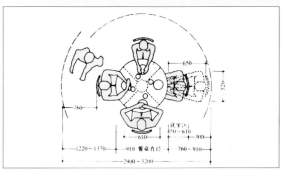

图5-58 餐厅圆桌用餐区域平面尺寸

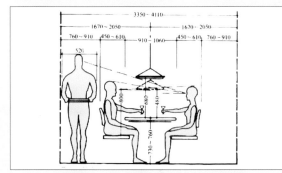

图5-59 餐厅用餐区域立面尺寸

3. 卧室

卧室床体的周边要留有足够空间满足不同的活动需求，如通行和俯身等。有柜体一侧预留空间比没有柜体一侧多，保证柜体的正常和安全使用。若床侧面布置化妆台，在考虑座椅的正常使用尺寸外，还需预留通行距离。

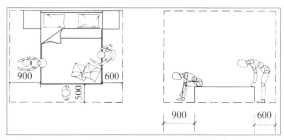

图5-60 卧室床体周边尺寸

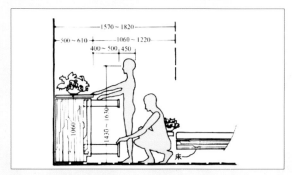

图5-61 卧室柜体使用尺寸

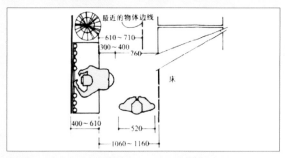

图5-62 卧室通行尺寸

卧室床体布置需要注意以下几点：

（1）房门开启方向不能对应床头，以免造成视线干扰和没有注意隐私。

（2）床体尽量不要紧邻窗户，甚至没有考虑窗帘的推拉活动距离。

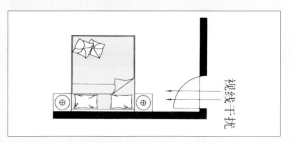

图5-63 床头不应对房门

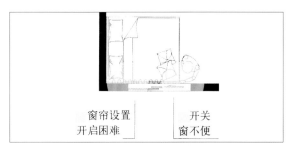

图5-64 床体不应紧邻窗户

5.4.4 软装物料板制作

软装物料板通过颜色和材质表达整个空间的感觉，是重要的环节。实物的视觉感受是检验设计中材料搭配和色彩搭配是否合理，以及搭配比例是否得当的最有效方式，是对设计效果的预判。物料板也是汇报设计的重要展示方式。

图5-65 蓝色调物料板

图5-66 田园风物料板

制作软装物料板，首先将方案打印成图片，对图片中产品及其物料进行编号；根据方案中主色调，选择对应材料和组件，进行物料板布局；依据软装设计意向和主色调，选择产品不同的材料搭配；对于起着对比作用的辅助材料，以及点缀图案纹样材料，要注意他们的展示尺寸，并与主体材料相适应；摆放方式要符合生活的情趣和亲切感；最终使物料板能够直观反映设计师的选材意图和生活情绪，对方案能够一一对应展示，展现出设计师关于形态美的思考。

图5-67 选择主材

图5-68 对比和筛选辅料

图5-69　配饰选择搭配

图5-70　情境搭配

图5-71　物料编号制作蓝色调物料板

图5-72　物料编号制作绿色调物料板

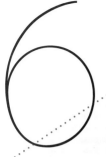

第6章 方案本制作与汇报

6.1 方案本版面设计

软装方案的排版模式有很多种，且软装模版不是一成不变的，在实际操作中，要求能够完整地表达设计意图，使甲方直观的理解设计内容和预想方案成果。

6.1.1 总体版面设计

软装设计对排版要求很高，根据具体项目制作不同的版面，版面和内容设计要融为一体。一般招标项目，甲方会提供指定的标准模板，其意义在于：

（1）规范软装方案设计标准，避免软装实施过程效果及成本失控；

（2）制定软装方案设计标准模板，通过模版控制软装方案整体品质；

（3）通过量化表单控制软装方案中家具、饰品数量，避免实施过程货不对版，提高管理效率；

（4）制定软装家具选型标准，通过选型标准控制家具效果品质；

（5）规范软装家具、饰品清单，形成统一标准，便于控制部品漏项。

总体版面设计包含方案核心内容、材质标准、选型标准、清单标准和实施标准。其中方案核心内容主要有平面图索引区、硬装参考效果图区、主要软装物料种类和数量栏、主设计区、页面标示信息区等。

图6-2 方案分析内容参考布局

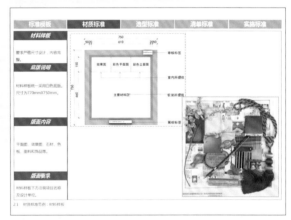

图6-3 材质标准和物料版参考布局

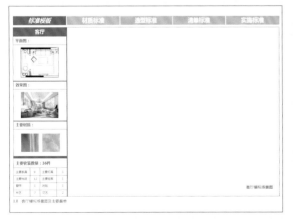

图6-1 方案核心内容参考布局

图6-4 造型标准参考布局

如果针对私人客户，版面中需要加入设计公司标志、名称和署名版权。而招标项目中，为了评审的公正性，标书中不能标明此类信息，否则视为无效。

6.1.2 主设计区版面设计

主设计区是方案本的核心展示区域，经常采用利用Auto CAD图纸的墙面装饰立面图，将软装各要素图片拼贴在墙面装饰立面图前面，使软装和硬装同时展示。紧邻墙面的要素依据墙体尺寸进行布置，而同一空间中得其他软装要素则辅助表达，图片也略微缩小表现。同时制造氛围的装饰元素，将设计内容和版面完美结合，使视觉效果更佳以及间接表达设计意图。

文学诗词也是重要的排版元素，能够引导甲方进入设计主题和产生联想，其中紧扣主题的词语可以个性化和放大化标识。

另外嗅觉设计的表达是排版中不可或缺的一环。图中花卉和蝴蝶的映衬是对餐厅中"香味"的最佳诠释。

软装方案文本主要将产品造型、产品材料等主要因素进行搭配组合，家具图片一般具有一定透视效果，设计师根据家具尺寸编辑图片，具体的尺寸数据在软装清单列表中注明。因此软装方案文本可以不采用三维技术表现，或者将三维图像作为辅助表现。

主设计区如果一个页面表达不完，可以采用多个页面表达。

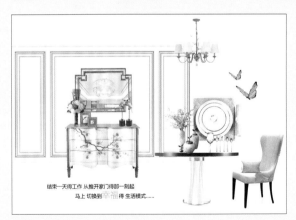

图6-5　软装主设计区排版

1. 客厅方案排版

一般以沙发和茶几为核心区，采用一点透视的对称布局，灯具与茶几和沙发中心对齐。如果客厅有飘窗结构，作为辅助表达空间排版到页面一个角，飘窗上的主题性饰品单独放大表现。

客厅的软装要素较多，因此排版尽量饱满，便于表现细小物品。

图6-6　客厅沙发区方案排版

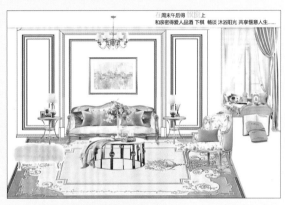

图6-7　客厅整体区域场景排版

2. 客餐厅全景场景排版

将一个整体的没有分隔的大空间进行整合展示。通过此图表现出餐厅和客厅之间的风格和色调搭配一致，白色为主色调，蓝绿色为主题色，黄色和金色进行点缀，小尺寸的花卉图案使家具充满温馨和富有质感。

图6-8　客餐厅全景模拟排版

3. 居室场景排版

以床体和背景墙为核心区域，采用一点透视的对称布局方法。飘窗作为辅助空间置于一角。为了完整表现卧室空间家具风格和色彩搭配，电视柜和电视一同放在页面内。

图6-9　主人房模拟场景排版

对于重点表达的空间，尤其是设计师独特创意方面，可以单独一页制作。对重点物品进行突出表现，加载一些生活、时尚的图片，产生情景带入感。

图6-10　书房模拟场景排版

儿童房的物品种类较多而且小巧，排版可以相对灵活和突出氛围，注重物品质感和色彩的搭配，主题和性别的表达，排版与布局拘束较少。

图6-11　种类繁多和小巧的排版

6.1.3 摆放位置索引

摆放位置索引主要是清晰表达选配的产品要摆放在哪个具体空间。主要有：平面图内容索引、同一空间摆放位置索引、不同方位的摆放位置索引。

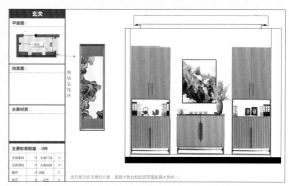

图6-12　平面图内容索引

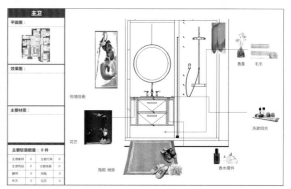

图6-13　同一空间摆放位置索引

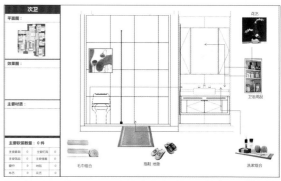

图6-14　不同方位的摆放位置索引

6.1.4 与场景图片结合

在软装项目实践中，对较为成熟的产品和家具品牌进行成果整理，或者精心布置和拍照，形成软装场景图片。一方面能够推广产品，一方面可利用图片进行排版展示。相对于常规的表现方式，设计方案与场景图片结合，对产品的认识更加直观，对产品的认可更加顺畅。

图6-15　客厅结合场景方式

图6-16　餐厅结合场景方式

图6-17　书房结合场景方式

图6-18　卧室结合场景方式

图6-19　娱乐室场景表现方式

6.1.5 三维空间表现形式

软装方案本可以依据室内施工图纸尺寸和空间结构进行制作，用一点透视将墙面造型材料和家具图片进行编辑，对有些家具和装饰画进行光影效果处理，增强空间进深效果和逼真程度。

图6-20　客厅三维效果模拟表现

图6-21 卧室三维效果模拟表现1

软装使用的产品类型和清单可以通过数字编号放置在产品图片旁边，便于甲方查找和对应产品。

图6-22 产品编号放置产品图片旁边

房间里的电视柜受到空间和版面的制约，将其设置为与床体同一视觉方向进行表现，从而将电视柜及其上面的饰品与床体区域进行整体设计。

图6-23 电视柜与床体整合表现

图6-24 卧室三维效果模拟表现2

设计师经常会用一些小技巧将方案中的画面变得生动和具有节奏感。如衣柜门的关闭或打开的设计，透出衣柜中的衣物等摆件，使场景具有生活气息，不需要单独的页面陈列衣物进行解释。小的物品和座椅的抱枕一般放置在方案本较前面的位置，有时需要遮蔽桌脚和椅子脚。

图6-25 书房三维效果模拟表现

软装产品素材的丰富性也影响设计方案的表现方式。其中椅子是否有多个视角的素材，是决定餐厅等空间方案布局的形式。

图6-26 餐厅三维效果模拟表现

有时会将一些需要重点表达产品，在不影响家具造型的情况下，进行特殊展示，使设计亮点更加突出和易于加工、验收。如图中将一扇衣柜门打开，展示衣柜内部的结构和布局。

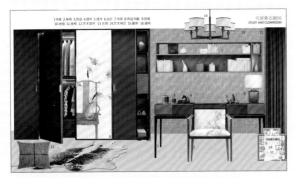

图6-27　展示柜体内部结构方法

6.2　方案文本编制体系

方案图纸编制体系一般分为情景式和布局式。

情景式是按照主人公一天的生活脉络进行描述，比如清晨主人可以在自家入户花园进行早锻炼，上午在书房内整理文件，中午在厨房准备午餐，下午在客厅与友人共品下午茶等等，通过整个项目的大主题到每个空间的小主题。一个方案做完后，设计师相当于讲了个唯美的故事，这种方式需要设计师有非常强的文字功底和逻辑能力，还要配合主题创作场景氛围，是软装设计的最高境界。

布局式根据空间布局和生活节奏进行表述，按照由主到次，把一个个单独的空间和层次进行设计。一般讲述顺序为：客厅——餐厅——卧室——书房——厨房——卫生间。每个空间还要按照：家具——灯具，布艺——花品，画品——饰品的顺序制作单独页面或者多个页面。在实际项目操作中，以布局式编制方案为主。

6.2.1　封面

封面是一个软装设计方案给甲方的第一印象，封面的内容一般标明"** 项目软装设计方案"、户型、风格、地址等。整个排版要注重设计主题的营造，让客户从封面中就能感觉到这套方案的大概方向，引起客户的兴趣。

图6-28　封面

6.2.2　设计主题

设计主题是在设计、创作的时建立的主要内容和方向，说明设计灵感来源。是设计师表达给客户"设计什么"的概念。选择对应的设计风格和生活追求，通过主题概念隐喻设计含义，为项目起优雅恰当的名字。展现色彩搭配中的主色调和搭配方式。

不但要设定一套房的整体主题，还要把每个房间的主题进行细化，根据具体使用功能，每间房间做出区别。可以从强调生活方式的角度设定主题，展现出一幅幅美丽的生活场景，体会前所未有的高舒适度的生活方式。

图6-29　设计主题

6.2.3 设计定位

设计定位主要通过设计风格、材料选择与搭配、色彩搭配、家庭结构和人物定位等进行细分，精准分析设计对象的特色和不同的需求，选定符合需求的设计要素和方向。

图6-30　设计风格定位

图6-31　人物定位

6.2.4 平面布局图

通过空间合理布局和确定家具尺寸，展现家具摆放位置以及家具之间的关系，明确家具的种类和数目。运用灰色系的色彩将家具、地毯、柜体、地面等进行分层表现，突出软装主体内容。

图6-32　平面布局图

6.2.5 硬装效果图

硬装效果图是提供设计风格和样式的参考，展现硬装给室内装饰产生的基础效果和材料搭配样貌，让软装设计师对室内空间和装饰细节有清晰的认识。

图6-33　硬装效果图

6.2.6 空间明细设计图

1. 玄关区

主要根据硬装柜体结构安排软装饰品，用摆放物品索引图的方式，解析柜体不同部位的功能和饰品类别——上柜放置衣服和领带，中部分隔放置橘色花艺、收纳盒、相片等，下柜放置鞋类物品。饰品选择上考虑"爱马仕"生活主题，选择橘色为主的物品，起到开门见山的作用。玄关柜的对面墙体悬挂金色装饰镜。

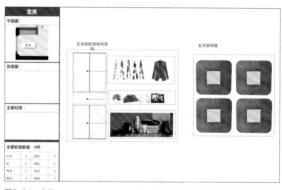

图6-34　玄关

2. 客厅区

客厅用窄边白色皮质沙发作为空间最明亮的色彩。仿"爱马仕"的橘色和蓝色形成补色搭配色调体系，橘色沙发配以蓝色抱枕，橘色家具搭配蓝灰色地毯等。

沙发背景和窗帘布艺采用橘色的近似色搭配，产生柔和的感觉。选择橘色的邻近色——金色，运用在装饰画、边几、饰品、灯具中，起到点缀作用，与"爱马仕"一起构成轻奢风格。

图6-35 客厅

图6-36 客厅电视墙区域

3. 餐厅区

餐厅延续了客厅的色彩搭配方式，装饰画、桌上摆件都采取了橘色和蓝色的补色搭配方式。餐边端景台与餐桌属于同一空间，在同一页面进行展现。餐具套件受到餐桌图片透视的影响，在页脚单独表现。金色灯具与硬装图纸结合，展示了灯具悬挂方式以及与餐桌的高度距离。装饰画的大小与硬装装饰墙面造型的关系进行了充分的思考。

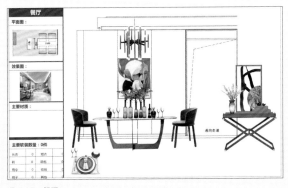

图6-37 餐厅

4. 卧室区域

卧室相对客厅更加突出了橘色和蓝色的色彩搭配关系，窗帘不再采用近似色搭配，而是蓝色主布橘色边条的深色窗帘，充分考虑了遮光功能。悬挂较低高度的工艺灯具，在考虑主人夜间灯光不刺激眼睛的同时，对床头柜上的物品形成重点照明，体现了人性化设计。蓝色方形大尺寸抱枕与床体背景墙紧密结合，橘色小抱枕与床上饰品用主题色进行点缀，灰色曲线花纹抱枕起到衬托作用。马术用品和装饰画展现了主人的爱好和生活品质。

儿童房通过爱好和主题定制，以飞机和飞行为主题，将墙面壁布、装饰画、地毯都与主题有关联。书桌上的饰品和壁布都展现旅行的乐趣和向往的旅行目的地。因此，房间色调采用蓝色为主色调，黄色和绿色进行搭配。

图6-38 主卧室

图6-39 儿童房

5. 厨房

厨房主要展示烹饪用具、调料、果蔬和烹饪书籍等。如果厨房有窗户，需要表现窗帘的类型和样式。在样板间的厨房摆件中，主要选择与主题色相关的物品进行摆放，以及考虑当代中青年家庭烹饪习惯的用品和辅料。

图6-40 厨房

6. 卫生间

卫生间以饰品为主，摆放位置较为零散，因此采用拼贴陈列的方式进行表现。饰品仍然选择橘色的装饰挂画、卫浴用品，花艺采用橘黄色的天堂鸟进行呼应。皮质的拖鞋和仿羊毛地毯体现生活的品质。

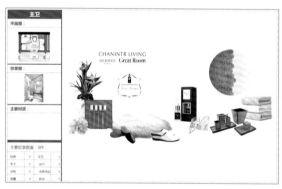

图6-41 卫生间

6.3 软装预算清单制作

6.3.1 软装预算清单制作

软装预算清单与方案本同步进行，不过随着深化设计和修改方案，需要最终核对清单。清单制作前需要确认甲方是否提供了清单模板，在没有提供的情况下，按照软装要素种类的不同空间功能分类，标明序号、定制产品名称、规格尺寸、制作产品主要材料、单位、数量、单价、总价、高清产品样式图片和备注信息。

清单按照软装要素种类分为总表、家具、灯具、地毯、布艺、墙饰、饰品、电器，八个分项进行分页统计。绿植花艺种类可以放在饰品中统计。

对甲方已有产品或者特殊情况需要在备注栏中注明，

并填充色块以突出信息。

图6-42 清单分项

6.3.2 软装预算清单注意事项

（1）总表的数据求和公式需要设置无误，总表中的分类产品数量和总价要与分项页面中的小计总数一致。（清单总表，见附录图4）

（2）清单在每一页顶部用12号字标明项目名称、户型面积和设计风格；要素分项名称和产品细节分类名称用10号字，并加粗字体；产品的说明内容用10号字，不加粗。

（3）总表主标题和分项主标题要一致，序号栏不能数字重复或者漏项。总表数量、产品种类名称和分项应一一对应。

（4）分项表中序号是否正确。在调整方案后，需要同时调整序号。产品数量是否和方案一一对应。产品所在区域是否正确。

（5）产品尺寸须详细和准确，必要时需要进行放样调整尺寸，尺寸单位为毫米（mm），标明长宽高（L*W*H）。

（6）产品材料要标明名称和详细，不能填写材料大类。产品单位统一用"件"，尽量不用"套"和"组"，否则备注中标明，以免产品数量产生分歧。（客厅、餐厅和主卧家具清单，灯具清单，地毯清单，布艺清单，墙饰清单，饰品和花艺清单，见附录图5至附录图11）

6.4 设计投标

设计招投标主要分为招标、投标、开标、评标和定标五个部分。

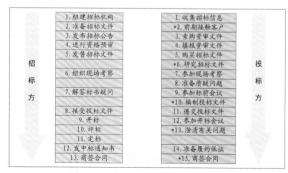

图6-43 招投标系统图

6.4.1 投标环节

设计投标部分是设计单位依据招标单位的招标文件和公告进行的重要活动。招标单位可以根据项目实际情况进行变动招标过程，设计单位的营销部门要实时跟踪和商务运作，同时对内传达信息，便于设计部门做出工作安排和及时调整。

设计投标主要分为投标报名、招标文件购买、制作标书和打印封装四个关键节点。

1. 投标报名、文件购买、研究招标文件和答疑

2. 投标函

对招标文件提出的质量、工期和报价要求做出总承诺，并对招标文件中关键或实质性内容进行细化、说明和确认。其中投标函需要注意：

（1）投标总价的币种、价格条件、大小写金额；

（2）招标书中带有投标函格式的，需按照格式填写；

（3）投标单位加盖公章。

3. 投标保证金

向财务提出付款申请，注明项目名称、金额、币种、付款方式、付款说明、收款单位名称（如有招标代理机构，一般为招标代理机构代为收款）、账号、开户银行名称、到账时间，以及是否要求从投标人的开户银行（基本账户）汇出等信息。有些招标书会要求将汇款凭证加盖投标人公章后，附在投标文件中作为凭证。同时还需关注中/落标后退还保证金的时间和退还条件。

4. 资格证明文件

详细阅读招标文件中对投标人的资格要求，常见资格证明文件有：法人证明、法人授权代表证明、注册资金、公司资质证书、项目人员资格要求、投标代表资格要求、产品资质要求、供应商承诺函、廉洁承诺书、营业执照正副本、税务登记证正副本、近三年财务审计报告、业绩说明和荣誉证书等。此内容主要针对招标的"符合性审查"，是专家评审标书时第一项工作，如有遗漏、错误则直接废标。因此对每一项要求都要有明确的实质性响应，并逐一在投标书显要位置提供说明资料；尽量避免因编制混乱导致专家无法找到相关内容。

5. 投标文件中非设计内容

（1）公司简介，对投标单位的介绍，包括公司基本情况、人员情况、研发情况、专利情况、资质认证情况、生产情况、运输情况、市场情况、服务机构等介绍。

（2）业绩，招标单位一般会要求提供与本次招标项目行业相关的业绩或在招标项目所在地的相关业绩。选取

业绩时需注意招标文件是否对合同金额、合同时间、项目规模、完成时间等有要求。

（3）项目人员简介。

（4）售后服务。根据招标方关注和服务内容，列出售后服务方式、相应时间、产品质保期、是否有备用配件和产品、服务团队能力及服务机构、保外维修费用等。

图6-44　公司简介

图6-45　公司业绩

图6-46　家具厂生产环境

图6-47　产品单体成型流程

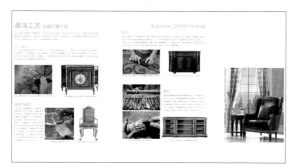

图6-48 产品生产工艺

6. 投标标书分为商务标和技术标两个部分

商务标主要是投标报价及其明细、分项清单和报价单、商务条款和技术规格响应及其偏离情况、资格证明文件。技术标主要是招标技术要求的响应及说明，如设计方案内容、产品基础信息和性能特点、售后计划及措施、投标单位和产品制作商介绍。一份标书或许90%都是技术标，但剩下10%的商务标才是最重要的，而"符合性审查""价格得分""商务与技术得分"这三点是商务标中的实质性内容，最终决定能否中标的关键。

"报价得分"是在投标报价时，应明确招标文件中的商务评分标准。如果采用的是最低评标价法，投标时选择的产品只要能够满足招标文件即可，价格越低，中标的可能性就越大；如果采用的是综合评分法或性价比法，则选择的产品是在满足招标文件要求的基础上，性能价格比最好的。设计单位可以事先对照评分标准给自己打分；并对潜在竞争对手报价进行评估、预测；再对比得出一个较合理的报价；要既能保证一定利润，又能保证中标的概率。这需要对潜在竞争对手的公司实力、报价风格有一定了解。

7. 投标检查、密封

根据招标不同要求编制标书和打印相应数量，检查无误后，严格按照招标文件要求进行密封，盖章。特别注意标书装订的方式、密封形式和盖章方式。

6.4.2 开标环节

（1）开标前准备。投标方确定讲标人员（委托代理人、项目设计总监、其他设计人员），明确开标时间、地点和程序，准备讲标演示文件和文案，部分材料样板、激光笔等。如果需要仍准备授权书、购买发标原件、投标保证金原件、资质原件等。

（2）开标程序。以公开方式进行，首先确认投标资格和代表人身份，检查文件密封情况，投标单位代表签字确认。商务标采取唱标方式，现场宣读投标各单位名称、投标报价及其他内容。技术标采取逐个讲标和解答疑问环节。

（3）讲标技巧。对准备好的演讲文件进行提前演练，最好3遍以上；讲标既要全面又要突出方案重点和亮点；讲标时间最好控制在15-20分钟左右；设计和呈现演说技巧；可采取多人配合展示软装材料、情趣板等；语言表达能力要强，注意节奏，吐字清晰、语速适中、衔接顺利、一气呵成；配合动作和表情；掌握讲标各种设备和工具的使用方法；迎合评委的组成和特点介绍设计方案，说服高层领导、技术专家等不同的评委；从容应答各种提问；不要说书和照本宣科；不能忽略软装产品数据的准确性。

6.4.3 定标

中标单位缴纳招标代理服务费，领取中标通知书。设计和营销共同与招标方对预算价格进行议价磋商。针对招标方的意见和专家评审建议进行修改和深化软装设计方案中各单项物品、更换样式或材质，审核软装产品的各项清单。双方确认后签订采购签批合同，招标方退还投标保证金。

6.5 汇报方案案例

时尚新古典152平方米户型

1. 引述

本次向领导和同仁汇报的是：某某国际社区时尚新古典152户型的软装设计方案。它主要采用后现代轻奢风，Art Deco现代装饰艺术为主体风格。其以蓝色为主色调，材料主要采用绒布、皮料、不锈钢、石材等时尚奢华的搭配方式。

图6-49 《国际社区新古典152户型》封面

图6-50 设计理念

室内主要针对国家倡导的新兴家庭社会结构——二胎家庭，作为家居空间安排布局，大的孩子上小学，小的孩子为2-3岁左右。因此对四房两厅的平面图布局进行功能调整。

（1）一个房间设置为主人书房，中间布置书桌，墙面为两边书柜，中间放置书椅，使书房显得灵动和富有高低变化，不像满柜那样死板。

（2）二胎房用婴儿床映衬家庭结构和为未来的成长空间转换余地。

（3）大孩房增设书桌，满足小学生的学习需求。

图6-51 人物定位

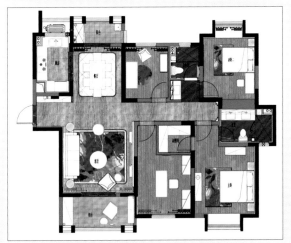

图6-52 平面图布局

2. 分不同功能空间细化展开

（1）客厅

色调采用蓝色系为主，灰色系进行协调。家具款式有参照意大利卡瓦尼造型的沙发，穿插蓝色抱枕呼应整体空间色调，用土耳其麂皮绒做面料，增加材料肌理细节和清晰的触摸感。茶几以正方形带圆弧边角的造型处理，与硬装吊顶造型相呼应，同时增加使用的舒适度和通过性、产品安全性，台面材料用白色石材，不锈钢包边和亮光漆支架。电视柜采取偏高的造型，约60-70厘米，使空间体量感饱满，与沙发达到均衡，运用富有肌理层次的皮料进行柜门处理，增加细节。地毯用马毛染色并进行拼接制作。客厅单人沙发旁增加了一个小巧的咖啡桌，增加生活品质和情调。窗帘选用缎面材料，增加光泽度和光滑感，与客厅空间中材料相呼应和统一。窗帘索绳用金色进行搭配，其与硬装不锈钢材料呼应，同时和蓝色形成对比和衬托。

灯具采用圆形，与茶几形成天圆地方的中国式寓意和居家理念。

图6-53 客厅方案

图6-54 客厅软装效果图

装饰画采用装饰艺术画作，使墙面增加了富有层次感。紧邻客厅的走廊的装饰画用纤维艺术与不锈钢结合，采用"水"的主题。走廊尽头采用软包墙面，用散点方式的装饰画与走廊区别，使墙面空间显得更加高大。

客厅植物用天堂鸟来烘托整个环境，并带来好的寓意。

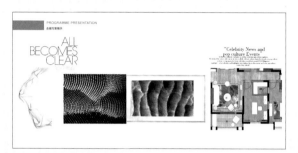

图6-55　走廊装饰画展示

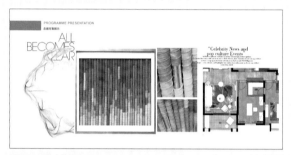

图6-56　走廊装饰画展示

（2）餐厅

空间与客厅相连，因此餐桌家具款式与客厅茶几进行统一，边角进行圆弧形设计，台面采用金镶玉的石材，底座与灯具构架、餐凳的腿均采用不锈钢元素。

餐椅的造型模仿宾利品牌家具，靠背处采用布和棉结合在一起的绗缝工艺，此工艺一般运用在保时捷和宾利汽车中的座椅，同时餐椅皮质容易打理和清洁。

装饰画同样是装置艺术的手法做"飞鸟"主题，与客厅一道建立生活的自然感官。

图6-57　客厅方案展示

（3）主卧

色调主要是黑檀亮光漆与不锈钢收边和溜边结合，使空间沉稳，与房门的不锈钢材料进行统一。电视柜的柜门使用浅色的皮质抽屉，与深色材料形成对比和提高品质。

衣柜改为1.2米的高斗柜，使空间显得更大（样板间的需求）。斗柜上方放置爱马仕丝巾装饰画。卧室采用芬迪原款皮质材料的1.4米高的高靠背床，使空间饱满。床头上方用花瓣造型的装置艺术装饰画。卧室内放置体现主人兴趣的国际象棋，体现空间生活气息。飘窗区域用首饰架和抱枕，展现生活轻奢的氛围。

图6-58　主卧方案展示

图6-59　主卧软装效果图

（4）男孩房

以小黄人为主题。背景墙纸用颜色明快的定制的小黄人墙纸。墙面悬挂蒙特里安的极简主义装饰画和小黄人结合的装饰画。

床的背部进行直线肌理的处理，体现家人希望男孩有刚强的毅力。书桌上面放置软板，放置小黄人系列的手工艺术品和手办，体现小朋友的生活趣味性。书椅采用透明材料，显得空间通透。地毯采用生动的黄蓝色相间的图案，与房间颜色搭配一致。

图6-60 男孩房方案展示

（5）二胎女孩房。色调灵感来源于法国马卡龙颜色的搭配。运用糖果色中的提夫尼蓝和粉红色搭配，体现公主房的氛围。婴儿床附加纱幔的温馨，吊杆挂上婴儿的玩具，旁边放置提夫尼蓝色的兔耳朵婴儿照看椅。墙边放白色整洁的婴儿衣物柜。窗帘选择主题色搭配，地面配粉色地毯。墙面用飞鸟元素的装置艺术品。

图6-61 女孩房方案展示

（6）书房。家具款式模仿阿玛尼卡萨的家具，书桌书椅运用不锈钢和高光漆。地毯与客厅保持一致，运用马毛地毯或者奶牛皮地毯。装饰画选用地域文化的摄影作品，突出主人爱好摄影的概念，陈列柜和书桌放置摄影机脚架和地域文化的老照片等。

图6-62 书房方案展示

（7）阳台。柜子对面放置较高的置物架，添设绿植和生活物品。中间摆设蓝色编制皮的休闲椅和黄色搭毯，地面铺白色毛毯。

图6-63 阳台方案展示

（8）厨房。物品主要是现代家庭追求的健康饮食物品，突出素食主义。并配以时尚潮流的饮品，如鸡尾酒、果汁、米酒等。

图6-64 厨房方案展示

（9）衣柜。结合主题放置西服和礼服，时尚轻奢品牌的物品和包。

图6-65 衣帽间方案展示

（10）卫生间。与主题和色调相统一，放置香奈儿5号的香水瓶，展现轻奢时尚的理念。

图6-66 卫生间方案展示

7

第7章 软装产品制作和管理

7.1 软装产品采购与制作

方案签批合同签订后，需要核对软装产品清单中数量、材质是否与签批文件一致。因为产品的施工周期不同，需要制定计划时间表，标明不同产品制作时间及发货时间，产品进场安装时间、摆场和验收时间。软装产品制作周期是家具最长，窗帘、地毯和部分饰品次之，因此根据周期安排采购时间和任务安排。

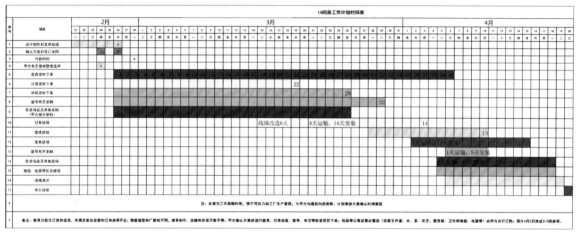

图7-1 工作计划时间表

7.1.1 家具采购与材料样板制作

家具采购不仅仅是成品，还包括定制家具。定制家具需要设计师对各环节进行审核和质量控制。

1. 家具图纸审核

清单交付工厂后，设计师需要审核家具图纸、油漆色板和材料样板。检查图纸中产品所有尺寸、配件选择和尺寸、造型细节处理方式、面料与木料分界区域处理方式、工艺种类、色板与材料种类等。对于不准确的地方进行标明和修改。

2. 材料样板制作

除了家具造型和规格审核外，还需要制作成材料样板，依照方案样式、颜色、质地进行筛选，标明面料品牌、编号、照片和其他要求。在审查面料数量、规格、品质等无误的情况下签字，家具工厂才能进行制作。家具从图纸审核到制作完成的生产周期，基本在50天左右。（写字桌材料样板、书椅材料样板，见附录图12，图13）

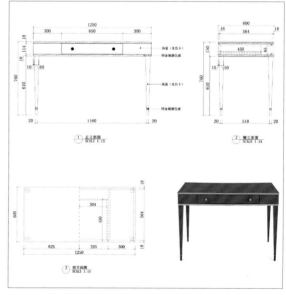

图7-2 写字桌图纸

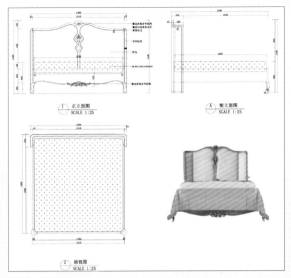

图7-3　床体图纸

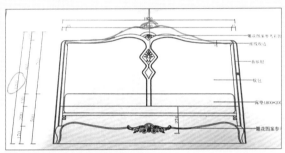

图7-4　修改定制家具造型细节

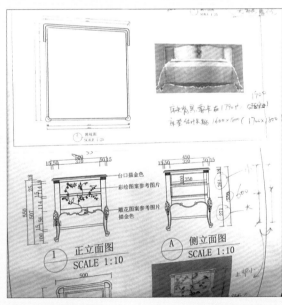

图7-5　标明不准确的内容

7.1.2　窗帘和壁纸采购

1.材料选择和样板制作

窗帘和壁纸在空间中同属于墙面部分，因此要相互搭配和根据方案设计效果选择面料种类、颜色和质地，制作成材料样板，提供给甲方亲身感触和确认。（窗帘布艺样板，见附录图14）

图7-6　窗帘材料选择与效果预期表现

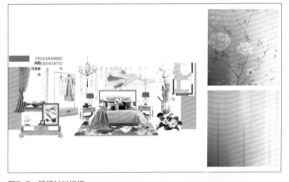

图7-7　壁纸材料样板

2.现场测量尺寸

窗帘尺寸和壁纸用料需要工程部配合进行测量现场尺寸，制作现场核实尺寸文件，标明壁纸贴敷区域，确定用料的用量，确认窗帘安装的种类。

主题性壁纸的图案需要与室内装饰风格统一，依据室内立面尺寸进行设计和布局，避免家具造型遮挡壁纸重要内容，注意装饰挂画和壁纸内容之间的关系。

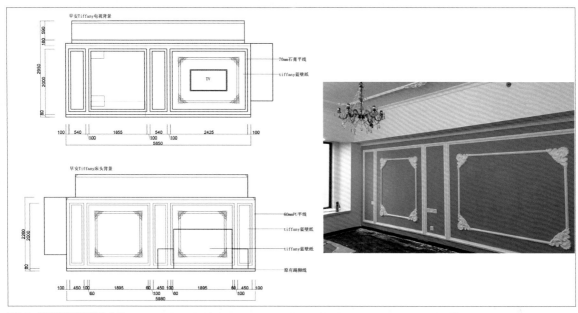

图7-8 壁纸贴敷区域图纸与结果

图7-9 主题性壁纸图案布局

3. 壁纸用量计算方法

（1）测量高度H=房间层高-吊顶高度-踢脚线高度。
测量周长W=房间周长-门宽-窗户宽。

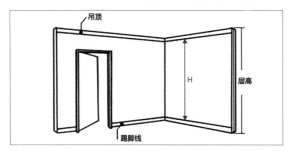

图7-10 测量高度

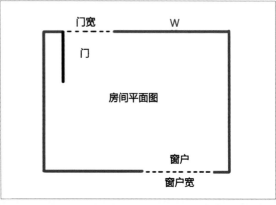

图7-11 测量长度

（2）一般壁纸的图案最大是53cm一个单元，但如果53cm中为二个单元，则一个单元长高为26.5cm，如果53cm中为三个单元，则一个单元为17.7cm。以此类推，所以一般需根据对花的壁纸对花损耗量以及房屋的高度（H）确定一卷壁纸可以裁几幅。

以1卷0.53m×10m规格，花距为0.53m的墙纸为例，假设算出房间的高度H=2.6m，来计算这卷壁纸能裁剪的数量N。根据房间的墙高（减去吊顶和踢脚线）H=2.6m，墙纸花距为0.53m故每幅墙纸的长度为2.6+0.53=3.13m，1卷0.53×10m的墙纸能裁剪的幅数N=10/3.13=3.19卷。

1卷0.53*10m的壁纸能裁剪的幅数为3.19卷，其中3幅可以贴敷的实际宽度为0.53*3=1.59m，假设算出房间周长（减去门和窗的宽度）W=13.5m，则这个房间需要的壁纸卷数为13.5/1.59=8.49卷，向后取整数为9卷。裁剪后不足一副长度的壁纸可以用于补门窗上下部分。窗帘和壁纸从采购到制作完成的生产周期，基本在20天左右。

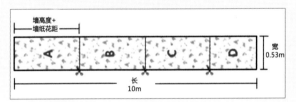

图7-12　壁纸裁切数量公式

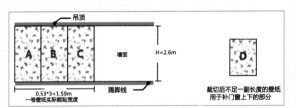

图7-13　壁纸贴敷墙面示意图

7.1.3　灯具采购

灯具制作需要提供灯具定位点图纸，灯具名称、灯具规格尺寸、数量、安装环境说明和要求、灯泡瓦数、色温等。

吊灯尺寸依据空间面积大小进行选择，如10-15㎡的客厅，可以选用直径60cm尺寸的吊灯；15-20㎡左右的客厅，选用直径为70cm的灯具；20-30㎡左右，选用直径80cm尺寸的灯具；30㎡以上的客厅，选用直径1m尺寸的灯具。

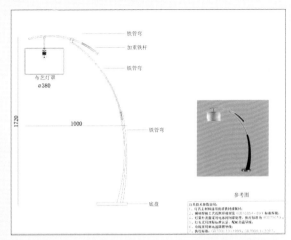

图7-14　灯具图纸

对造型较复杂和安装位置特殊的灯具，需要将灯具规格与硬装施工图进行空间模拟，调试灯具并确定合理范围。设计师要提供灯具安装底盘尺寸、底盘离地面高度距离和灯具底部距离地面的高差，以及说明灯珠密度等数据要求。

同一种造型灯具的数量达到或者超过5个时，需要工厂先制作灯具样品，在现场进行规格比对和造型确认后，再进行批量生产。（复杂灯具制作说明，见附录图15）

图7-15　吊灯安装效果

7.1.4 地毯采购与定制

地毯采购前依据地毯铺设方式，在室内平面图纸中核对和确定地毯尺寸，避免地毯过大或者过小，以及造成门扇不能正常使用。

确定地毯规格后，依据方案中地毯图片，选定生产工厂，按照工厂提供的色球进行选择，并标明对应编号，制作地毯色球清单。制作工厂根据色球制作生产图纸反馈给设计师，满铺地毯还需提供产品小样，设计师审核确定后方可生产。

地毯从图纸审核到制作完成的生产周期，基本在35天左右。（地毯色球清单，见附录图16）

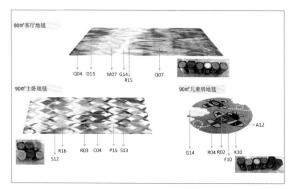

图7-16　地毯色球选择和标注

图7-17　地毯验收

7.1.5 装饰画采购

装饰画采购主要是选定绘图种类、装裱定制和制定规格尺寸。

（1）装饰画尺寸要在硬装图纸中将装饰画与对应空间的家具进行比对，确定装饰画与家具之间的尺度关系，审核清单中标明尺寸是否正确。

（2）确定装裱方式，主要是有框装裱、无框装裱、框中框立体装裱、有机玻璃或无玻璃装裱、卷轴装裱、无痕框装裱等。

（3）选择画框。根据装饰画的类别、尺寸和空间尺度选用不同样式和大小的边框。在保证风格样式统一的情况下，依据边框长、宽、高等各种尺寸款式、颜色和质地，选择装饰画合适的线条画框。选择画框时，要注意画框外尺寸、可视尺寸和画框内尺寸，绘画作品尺寸要按照画框内尺寸进行定制。

图7-18　实木画框装裱合角方式

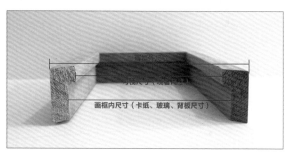

图7-19　画框各种尺寸

（4）收集和制作装裱画框数据库，根据装裱制作工艺核算价格。（实木画框线条、PVC画框线条、PS发泡线条，见附录图17、图18、图19）

（5）复杂和较特殊的工艺作品或者装置作品需要先做小样，核对造型和材料后再进行生产。

装饰画从图纸审核到制作完成的生产周期，基本在25天左右。

图7-20　装饰画验收

图7-21　装饰画验收

图7-22　装饰画验收

7.1.6 饰品采购

饰品种类和数量繁多，制作方案时主要考虑的是样式和搭配组合方式，对产品的尺寸和具体摆放位置缺乏深入思考。因此，饰品采购前需要依据产品尺寸在图纸中进行模拟摆放，选择合适大小的饰品放置在家具和空间中。若有出入需要提前修改和查找替代等价物品。

饰品在市场上也存在停产和缺货等问题，此时需要更换样式和大小，做好变更清单和与甲方协商确认。

饰品从图纸审核到制作完成的生产周期，基本在20天左右。

7.2 软装产品生产部门沟通

7.2.1 面料材料供应商沟通

设计师依据方案文本中产品显示的材料进行筛选。首先选定材料供应商，通过材料样本进行色彩和材质比对，从主要的、面积较大的材料进行选择，然后对辅助内容的图案、颜色以及材质进行搭配选择。对不同的搭配进行比对。再仔细斟酌之后，将最终确定的面料的供应商信息、材料编号等一并拍照和编排，交由材料供应商进行下料和制作。

图7-23　窗帘主布与花边图案筛选

图7-24　窗帘面料比对

图7-25　窗帘与布艺面料选择

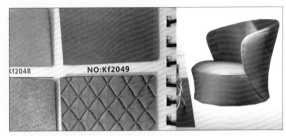

图7-26　家具面料选择

图7-27　面料搭配与数据整理

7.2.2 产品制作工厂沟通

产品制作厂家回应的色板和面料照片如果不理想或者颜色有误差，需要进行图片比对和重新选择。也可以让工厂提供一套材料样板进行现场选择，然后反馈工厂制作。

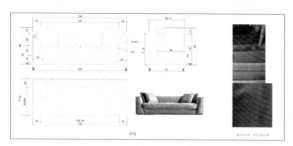

图7-28　纠正面料颜色

家具图纸修改次数较多，既要对施工图图纸进行核对，也要对材料名称和样板进行核实。在实践过程中往往会出现材料样板与图纸标注不吻合的现象，需要及时修改。例如图中家具材料样板是"爵士白大理石"台面，但是施工图标注却是"深咖网大理石"台面，最终造成产品整改。

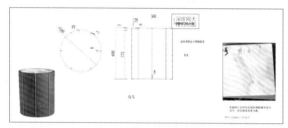

图7-29　材料名称错误标注

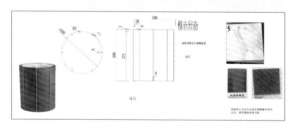

图7-30　正确的材料名称标注

图7-31　产品台面现场整改

7.2.3　硬装单位沟通

硬装设计的造型有时会造成空间凹凸不齐，虽然造型美观和线条丰富多彩，这就要求软装产品与硬装造型进行匹配，以及施工现场进行二次勘查核对数据。主要有：

（1）硬装造型尺寸。卧室背景墙造型与床体靠背（或者沙发）之间需要严丝合缝，软装设计师需要与硬装设计师进行图纸沟通，以免靠背尺寸偏大造成无法紧贴墙面。

（2）电源插座位置。避免家具遮蔽电源插座和开关，测量卧室床头和客厅沙发靠背墙体的插座之间距离。

（3）硬装定制家具尺寸和布局。如榻榻米影响床品尺寸和造型。

（4）灯具安装。确定安装高度和预留电线，对安装点进行结构加固。灯具安装空间预留等。

7.3　家具产品质量检控

7.3.1　家具生产环节检控

家具是软装中最重要的要素和个性化最突出的产品，在生产环节也最容易出错。软装设计师需要对家具生产进行定期质量检控。家具质量检控主要分为两次白茬阶段检查、上漆阶段检查、成品检查、发货前检查、产品包装与发货数量检查等。整个家具制作过程和验收阶段都需要制定表格和拍照，制作质量检控记录表，作为质量检控依据。

白茬阶段是依据核定的家具施工图纸进行家具框架尺寸核对，检查家具框架尺寸是否正确，主要结构材料和工艺是否按照设计要求。

上漆阶段是根据工厂提供家具色板和材料样板进行比对，检查漆色和反光度等问题。对有彩绘图案的家具，工厂需要提供画工的绘图样稿，便于设计师了解画工水平。（家具制作过程质量检控记录表，见附录图20）

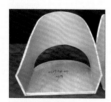　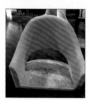　

图7-32　家具白茬检查　　图7-33　填充海绵　　图7-34　成品检查

7.3.2　家具成品检查反馈

设计师对工厂制作的产品成品进行检查，提出有针对性的修改意见和措施。一般问题有：整体结构和尺寸需要重新调整；家具做工不够精细；面料数量不够；加工工艺，如面料施工方法等；皮质沙发舒适感问题，出现偏硬或者过于柔软；家具数量问题；配件制作遗漏问题；漆色加工问题，重新修色；施工细节和收口不严谨；产品完成预期时间等。（家具成品检查反馈表，见附录图21）

7.4 软装产品变更采购

在采购过程中，有时会出现产品停产、造型变更，或者面料原料更新等因素。此时产品需要变更和替换。

7.4.1 产品造型变更

灯具产品替换时，需要注明更换灯具的样式、尺寸、灯头数量和规格。新款灯具在施工图和三维软件中，按照产品尺寸和规格进行空间模拟效果，测试新产品是否合适，便于甲方确认和同意替换。

7.4.2 近似产品替换

对于无货的产品，重新选定的产品会因为生产周期造成交货延误时，可以选择同款近似颜色的产品或者面料进行替换，并征求甲方的同意。

饰品产品变更主要考虑饰品造型的尺寸不能有太大的区别，产品样式和颜色尽量一致。变更产品需要制作变更表，标明变更产品原因、变更产品图片和数量、价格差异等。（饰品产品变更，见附录图22）

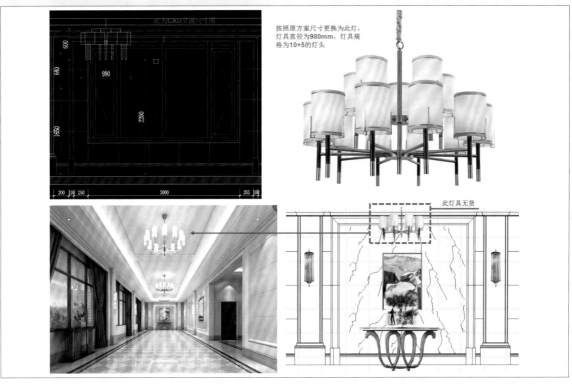

图7-35 灯具变更说明

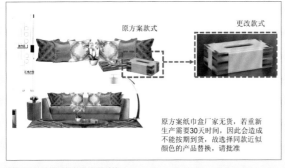

图7-36 同款近似颜色产品替换

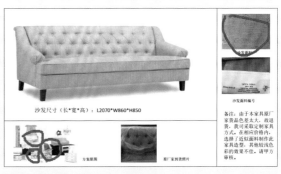

图7-37 近似面料制作替换产品

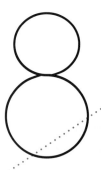

第8章 软装摆场和交接

8.1 软装摆场前准备工作

软装摆场是现场复杂，多专业交叉施工和配合，货品繁多，人员复杂的环节，需要详尽的安排和注意事项。软装摆场需要产品归位、现场协调和整体技巧。

图8-1 软装摆场

8.1.1 货品验货

设计师到仓库或者项目地进行验货，对收到的货品与采购清单进行核对样式、数量和规格，确保所有物品到达仓库或者项目布场地点。对已到货物进行拆包检验，检查是否因为运输等原因造成产品破损、缺失，检查产品尺寸款式是否不合格等问题。

将问题收集和整理，在第一时间汇报给设计负责人和采购员，由负责人统一处理。如果产品需要更换或者维修时间影响施工工期，则需要上报项目经理和监督落实处理。对检验产品进行逐一拍照记录，以文本和照片的形式进行存档。

图8-2 仓库货品堆放　　图8-3 项目地货品摆放

8.1.2 货品标记

对已经检验合格的物品进行统一标记和归类摆放，依据布场先后顺序和功能空间决定摆放货品的位置和标记。例如客厅标记为KT，主卧室标记为ZW，次卧标记为CW，书房标记为SF等。在同一项目地有多个现场布置情况下，可以用户型面积和门牌号码进行区别。

8.1.3 货品物流

货品物流分为工厂物流到项目所在地和企业仓库分转到项目所在地两种方式。运输前要确保货品安全完整，部分货品需要重新包装，联系物流装车到项目地。项目地摆场人员联系搬运人员卸货和现场搬运，确保货物安全无损到达目的地，依据清单和货品标记编号进行清点、归类摆放和组织拆包。

8.1.4 现场准备工作

现场确认硬装施工完毕并具备软装摆场条件。如果硬装施工仍在进行，或者会影响软装产品的安全和摆放位置，需要第一时间向负责人和甲方相关部门反映。另外，及时分配摆场人员和分工，讲解摆场流程和注意事项。（进场工作安排和准备工作，见附录图23）

8.1.5 制作摆场手册

软装物品较多和样式接近，结合设计方案和平面图制作摆场手册，有助于摆场人员快速选取货品和摆放准确位置，提高摆场工作效率。对甲方已有的物品可以用红色进行特殊标记。

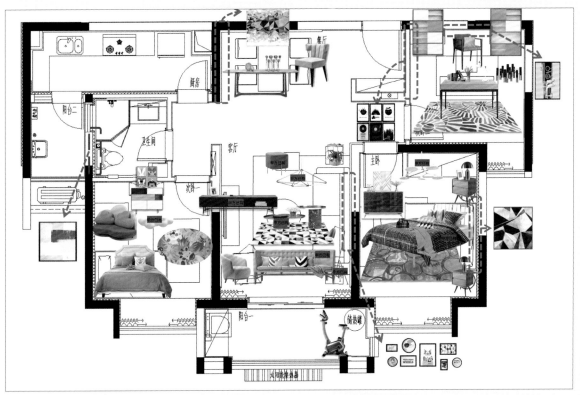

图8-4 北欧风格摆场手册及红色标记

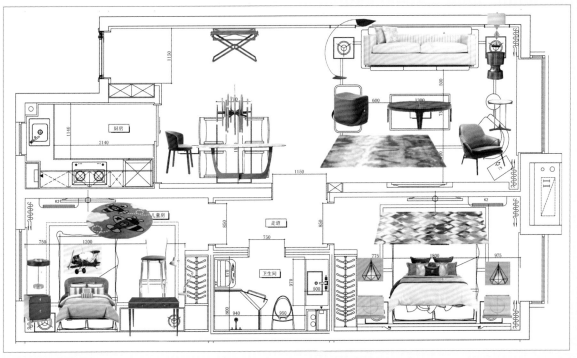

图8-5 轻奢风格户型摆场手册

8.2 现场摆场步骤

8.2.1 窗帘灯具进场

窗帘轨道、窗帘、壁纸和灯具是软装施工第一步，特殊产品如大尺寸吊灯和壁灯需要和硬装施工方协调进行灯具安装定位点和预留线路，需提前与硬装沟通和提出方案。

8.2.2 家具摆场

家具拆包要小心谨慎，禁忌用较长的小刀垂直破拆胶带封口。最好提起封口，一点点的倾斜的拆除，尤其是皮质或者亮光漆家具。部分家具需要现场进行配件安装和调试，以符合现场客观环境。

8.2.3 饰品床品摆场

家具摆场完毕无误后，可以进行饰品床品的拆包和摆场。结合摆场手册、设计方案和用品礼仪，依据现场环境进行位置摆放和调整，以期达到最优的视觉效果。依据方案文本和床品铺放规则进行床品布置，注意抱枕摆放顺序和大小尺度，注意床品和床旗整洁干净。

图8-6 饰品摆场前后不同效果

图8-7 饰品调整前后的区别

8.2.4 装饰画挂饰和花艺摆场

挂画和挂饰需要与家具等物品搭配和比对位置摆放，要确定家具摆放位置准确无误。对现场到货的装饰画完好保管，避免破损或者染上污渍。悬挂时注意扶握方法和挂靠支点位置，避免画幅重量较大而造成画框断裂和脱落，甚至影响其他物品。

8.2.5 现场清洁和地毯摆场

家具和饰品摆场完毕后，需要对现场进行卫生清洁，去除浮尘和因为安装产生的垃圾。可移动的地毯摆放过程置于最后一个步骤，是避免其他货品摆放时容易造成污垢和表面磨损。

8.2.6 现场核对和效果调整

摆场人员布置完现场后，需要再次与清单进行核对，并现场拍照，便于制作项目交接清单和交接报告。主设计师需要对现场进行效果微调，以达到最佳的效果，这一阶段需要设计师有较强的空间展示能力和协调能力。

8.3 软装摆场注意事项

8.3.1 摆场注意事项

（1）家具由生产地发货时，会因为生产厂家不同、厂址不同、货品制作周期不同、进口家具过关审查等造成原因分批到达目的地，因此要实时跟踪情况和到货日期。（产品到货跟踪情况，见附录图24）

（2）验货阶段，按批次、及时验货。验货时间与进场时间之间应留出足够的缓冲期，以防发生验货中发生的损坏、换货、退货问题。在验货期间，设计部与采购部都应同时在场。

（3）施工图和现场尺寸会有差异，要做到摆场前现场复尺。

（4）货品到达现场，需要专业工人和设备搬运家具，同时了解家具构造和材料，采用正确的方式搬运，避免易碎物品损坏，如石材、玻璃和树脂等材料，把家具准备指引到位置。

（5）家具、灯具等安装由厂家或专业人员进行，并穿着统一的制服。家具有损坏时要及时修补。

（6）饰品、厨房用品、卫浴用品和床品的摆放，需要戴上手套，避免出现指纹和污渍。摆放顺序由内向外、由中心向四周、由高到低的布置。

（7）搬运家具和安装墙上物品时，需要注意不能损坏硬装材料，如木地板、墙面壁纸和墙面漆等。因此要穿干净的拖鞋或者布鞋套进场，方便后期的保洁工作。准备一些修复地板的材料，及时修复损坏的地板。

（8）摆场携带工具：摆场手册、软装清单、记号笔、美工刀（拆包装）、电锤（安装装饰画和壁灯等）、螺丝钉、螺丝刀、手电筒、手套、口罩、布鞋套、胶水、相机、螺栓、线、电脑和设计方案、优盘、纸张等等。

8.3.2 软装摆场的现场协调

1. 结构承重协调

当安装大型灯具时，需要与硬装进行结构承重测试。如灯体平面达到8×6米椭圆形，重量达2吨，灯体总高度有9米，由16000多串手工吹制的玻璃水滴和气泡球组成的大型灯具，就需要对室内吊顶进行加固施工，安装500×500间距的#304-30×15-T1.5型号日字钢通烧焊架。

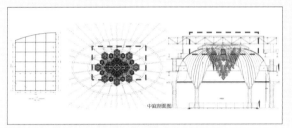

图8-8　大型灯具结构承重说明

在灯具体量不大，但是室内硬装天花结构无法承受灯具重量时，需要对吊灯横梁进行加固处理。

图8-9　吊灯横梁加固

大型装置挂画需要进行承重受力点的测试和提前告知硬装施工单位，便于调整硬装施工结构和工艺。如安装过程中，由于重量大，面积大，墙面承重出现问题，与专业人士不断沟通，决定从墙面背面以干挂大理石形式找准安全位置，进行安装固定，以确保挂画的安全性。

图8-10　大型挂画承重受力点测试

2. 机电协调

大型灯具的安装还需要电压测试，以免造成产品无法使用和电路损坏。如灯体平面达到8×6米椭圆形，重量达2吨，灯体总高度有9米，由16000多串手工吹制的玻璃水滴和气泡球组成的大型灯具，有2000个LED灯珠，其造成的电流是非常巨大的，需要进行电压测试。

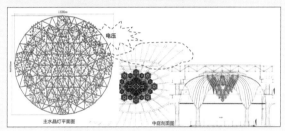

图8-11　大型灯具电压测试

3. 建筑协调

对于软装装置艺术品体量较大，自身重量较重，并且需要安装在人群流量较大的位置或者易损坏物品旁边时，需要考虑加固安装问题。若不能解决需要现场二次设计和调整，可以调整放在安全的地方。

图8-12　装置艺术品安装协调

4. 照明协调

软装设计方案除了要考虑硬装的照明系统外，在摆场现场也需要根据实际情况进行射灯调整或者增设照明。

图8-13　缺乏照明前效果

图8-14　照明协调后效果

5. 防尘处理

对吊灯和壁灯要做好防尘处理，安装完毕后，需要增加薄膜保护，待摆场全部结束后再卸掉薄膜。对于高空水晶灯具的安装，需要安全网防止水晶管脱落和安装时掉落。

图8-15　灯具安装后防尘处理

地毯铺设前要进行无尘清洁处理，然后进行铺装。

图8-16　地毯铺设现场清洁

8.4　项目交接和总结

8.4.1　项目交接清单

现场审查和成果汇报时，递交软装项目交接清单，以备清点数目和样式，同时有助于项目结款清算和售后服务。交接清单按照空间功能、货品名称、尺寸、品牌、材质、单位、数量、图片和现场照片等方面标明。

8.4.2　软装成果汇报

（1）将软装成果拍照和整理成文件，按照平面图不同空间功能进行一一对应展示，作为软装产品样式与数量的核对和数据留存。

（2）软装前后的不同室内照片进行比对，增强软装改变环境的感官。若是改造项目，可以列出家具和饰品等变换的种类和数量。

（3）实景展示。运用多个角度展现软装空间的样貌，尽量全面和翔实，注意拍照构图。

图8-17　展厅休息区成果汇报

图8-18　展厅洽谈区成果汇报

图8-19 展厅休息区改造对比

图8-20 展厅洽谈区改造对比

图8-21 展厅实景展示

8.4.3 项目效果整改

在交接和审查软装效果时，甲方受到现场效果和个人爱好的影响，会提出调整的要求和整改建议，如抱枕的数量、装饰画的细节处理，以及货品缺货需要改选和另行采购等。

1. 物品调整

根据现场效果，可以对家具和饰品进行减法布置，避免室内空间显得过于拥挤。

图8-22 物品数量调整

2. 灯光调整

有时原厂灯具提供的灯泡与现场环境不协调，照度不够，色温与室内色调不符合，此时需要根据现场环境准备灯泡和更换，进行效果调整。

图8-23 灯光照明35调整

3. 现场物品色彩搭配调整

现场若出现色彩单一，没有对比色和补色进行协调时，可以实时调整饰品和小型灯具的位置，以达到更好的效果。

图8-24 物品搭配调整

4. 壁纸重贴

壁纸占据室内面积较大，而样品往往尺寸较小。在软装摆场完成后，会出现壁纸图案过于烦琐，或者壁纸图案与家具尺寸不符合而影响内容的表现等问题。更换壁纸是依据现场环境进行调整，尤其是主墙面的壁纸。

5. 面料整改

软装除了造型和色彩外，面料也是影响最终效果的重要因素。如要考虑绒面是否倒绒而显得不够整洁；窗帘面料不够硬朗，需要加铅坠和熨烫等。

图8-25 壁纸样式调整

6. 整改清单

制作整改方案：标明产品问题，现场照片，分析整改原因（一般四个方面：品质提升、未按图纸施工或封样、安全问题、质量问题），提出整改措施和要求，计划整改完成时间，整改后照片，确认责任人和督办人等，需要增减的货品分别制作销项清单和增项清单。在商洽整改方案后参照清单进行整改。（装饰画画框尺寸更换、装饰画画框样式更换，见附录图25、图26）

8.4.4 项目验收

1. 验收清单

格式与交接清单一致，按照软装各大要素和不同空间进行分类，标明区域、名称、规格、品牌、材料、单位和数量、设计图片等。将最终甲方确定的货品进行现场拍照作为比对，双方各留一份存档备查。（家具验收清单、灯具和地毯验收清单、饰品验收清单，见附录图27、图28、图29）

2. 现场摄影拍照

摆场验收后，联系专业场景摄影师和影视后期编辑人员，进行现场拍照和制作宣传广告片，制作VR展示和体验现场，以及互联网现场讲解软装作品。

现场拍照需要注意场景构图、物体表现要相对完整，同时可以根据拍照需求进行临时性的布局调整，根据空间功能内容选择合适的角度。

3. 售后维修

对于现场物品出现非人为质量问题时，需要拍照记录和制作售后清单，并进行售后维修或者更换。

图8-26 完整展现空间效果

图8-27 拍照时家具临时调整

图8-28 配件摆放方式调整

8.4.5 项目总结

软装项目结束后需要进行项目总结。通过对设计方案细节处理、产品材料、家具造型和施工、饰品大小和颜色等方面进行剖析问题，不断提高设计师自身素养和设计能力，凝聚团队和促进协调能力。

图8-29　客厅装饰画和运输方面总结

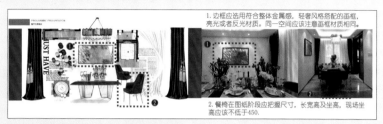

图8-30　餐厅装饰画画框质感总结

图8-31　卧室地毯尺寸问题总结

图8-32　厨房饰品数量总结

图8-33　男孩房饰品总结

图8-34　灯具与家具尺寸关系总结

第9章 室内软装案例

9.1 酒店、会所软装设计案例

9.1.1 酒店软装设计

1. 上海佘山深坑洲际酒店，香港CCD郑中设计事务所

宴会前厅与宴会厅的天花造型，就像岩洞深处的天井，结合LED灯的照射，光线透过天花的洞口投射出不同的光影，启幕宴会厅的妙趣新视界，营造如梦如幻的星空效果。中餐厅内部的"凤凰"主题形成一种动静皆宜的意境。

图9-3 中餐厅

图9-1 大堂

图9-2 宴会前厅

图9-4 中餐厅"凤凰"主题

酒吧的装置艺术象征潜水艇驻停在深坑崖壁时不断产生摩擦火花。内部空间不时散发着火红炽热的气息，透过光影结合，使其整体颜色与深坑崖壁内的岩石颜色做出对比。蒸汽工业时代的卡座与吧台椅设计，吧台上方鱼雷造型的定制木桶酒架、灯具成为空间里的特色点缀。

客房风格采取英伦工业风的设计元素，矿坑开采是客房的软装灵感来源，强调一种"野奢"，复古工业灯、皮质、铆钉、哑光金属、复古行李箱、所有的设计都非常注重细节，尤其是在人体工学的使用上，每个家具的高度、大小，皆可满足探险家们的使用方便，既表现出永恒的精致工业感，又不牺牲居住的舒适度。

图9-5　酒吧入口装置艺术

图9-8　蓝灰色调客房

图9-6　工业时代酒吧

图9-9　红色色调浴室

图9-7　水下餐厅

图9-10　英伦工业风元素

2. 黄山雨润涵月楼酒店（梁志天作品）

打造现代中式酒店，选用大量大地色系的天然石材和木材，并糅合"奇松""云海"等著名的黄山地域元素，让设计达至里外合一，简约之中却散发浓烈的中国情怀，呈献富有徽派色彩的地域设计。

沿着黑麻石地台步入接待大堂，抬头可见金字形的屋顶，一盏盏灯笼造型的灯饰垂吊而下，配合中央的四根黑麻石莲花柱、黑檀木饰面吊顶墙身，为酒店奠定和谐古雅的气派。透光云石服务台的后方置有一幅黄山迎客松石雕，与两旁烛台造型的台灯互相映衬，气势磅礴，成为一室的焦点。

商务中心、商店、茶室，与接待大堂互相呼应，运用了鸟笼、通花木窗棂等元素，配合质朴的石材及木材墙身、地板及展示架，淡淡地流露中国传统艺术的意韵。

图9-13 商务中心1

图9-11 接待大堂1

图9-12 接待大堂2

图9-14 商务中心2

独立别墅客房室内选用米、深啡两色为主色调，并配以具有质感的木地板、灰色墙身，设计简洁谐和，完美融合房外的自然美景。

图9-15 独立别墅按摩室

图9-16 独立别墅客房

9.1.2 会所软装设计案例

亚洲悬崖会所（黄全作品）

整个会所面积近5000平，超大的空间尺度，空悬而立，带来极佳的俯瞰视野。接待台两侧高耸的柱体和书架则是古典文化中诗书传家的最佳诠释，结构处理上干净利落，如有序的城市建筑，勾勒出一幅灵动写意的山城景象。大型艺术装置"峰起"描绘的则是群山的意象，蓝绿色琉璃质地在灯下熠熠闪光，有步移景异之感。

图9-17 接待厅

图9-18 柱体和书架

灯具通过重新堆叠、排布、组合，由山、石、云、风、月等自然意象所赋予的灵感中构建出心中的一隅自在山水。电梯厅墙面展现的巴渝文化装置、石雕如同历史的一面镜子，折射出过去与未来。

图9-19 接待区灯具

图9-20 电梯厅灯具

图9-22 墙面陈设

采用现代的手法展现古老的巴渝文化图景，将低矮方正的家具与盆景相结合，传达东方审美，同时在墙面运用鸟笼与茶壶来展现重庆人饮茶与休闲的生活方式。运用鸟笼与茶壶来展现重庆人饮茶与休闲的生活方式。

酒店接待区用简练的方法和开阔的空间尺度营造"SKYLOBBY"的理念。长廊两侧点缀以造型感十足的雕塑与画作，透过大面玻璃可以饱览窗外景致，模糊去了"画"与"山水"的界限。

图9-21 电梯厅墙面

图9-23 酒店接待区

图9-24 长廊雕塑

洽谈区大厅从上方垂悬而下的大型艺术灯具"云上"，是为这个空间所特有的设计。灯体洁白的质地与圆片般的造型如同层层叠叠的云缕，结合窗外山景与悬崖地势，与周边的山、建筑融合在一起，高低错落间，让到访者宛若置身云端，传递闲适隐逸的东方美学。

图9-25 洽谈区大厅

图9-26 洽谈区1

图9-27 洽谈区2

图9-28 接待室

9.2 样板间、别墅软装设计案例

9.2.1 新中式风格样板间软装案例

方案采用现代中式风格，运用新中式风格寓意"情""景""意"三个字，体现"东方雅韵"的江南古郡风范。硬装将中式传统的线条、留白、水墨等意境之美融会贯通，以此表现了整体的空间框架。软装则在此基础上将自然意境元素进行演绎和加工，烟雨青山的美幻化成水墨，辅以各种精致雅趣的玩物，托物言志，自然地将中式味道中的力量与意趣呈现出来，营造出舒适自然，犹如诗中远离尘世喧嚣的意境。

软装方案中家具样式和线条简洁。房间整体色调借中国特有颜色"茶白""藤黄""赭石"和"酞菁蓝"，以栗色和米色为背景色，用优雅的蓝灰主题色展现简洁的空间属性，传递中国传统抽象元素符号。

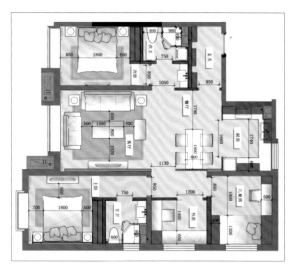

图9-29 彩色家具落位图

图9-30 硬装效果图1

图9-31 硬装效果图2

图9-32 客厅沙发区

图9-33 客厅电视柜区

图9-34 客厅现场效果

图9-35 餐厅方案

图9-36 餐厅现场效果

图9-37 主卧方案

图9-38 主卧现场效果

图9-39 女儿房方案

图9-40 女儿房现场效果

图9-41 次卧方案

图9-42 次卧现场效果

图9-43 书房方案

图9-44 书房现场效果

9.2.2 现代轻奢风格样板间软装案例

图9-45 现代轻奢风格客厅效果

图9-46 现代轻奢风格餐厅效果

图9-47 现代轻奢风格主卧效果

图9-48 现代轻奢风格男孩房效果

图9-49 客餐厅整体效果

图9-50 卫生间效果

9.2.3 女性主题样板间软装案例

南昌海珀朝阳中心样板间（梁志天）

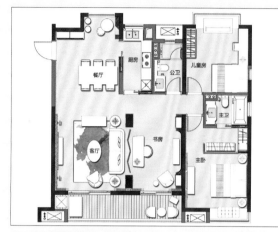

图9-51 户型平面图

图9-52 主题色彩

图9-53 客厅

图9-54 客厅沙发区

图9-55 客餐厅过道搭配方式

图9-56 书房

图9-57 儿童房

图9-58 主卧

9.2.4 "中国年画"配色样板间软装案例

天津蓝光雍锦半岛样板间（戴昆作品）

将过于老旧的配色方式置换成当下最时髦的流行色：大面积使用靓丽的橘色、轻快的薄荷绿以及点缀欢脱的亮黄色来重新梳理画面整体的色彩关系。将二维平面抽象的几何语言和年画具象的图案相结合，做一个有意识的冲突，进而为后面从二维转化到空间三维化的抽象语言做了一个启承，形成二维转换到三维语言的统一。

将"后现代化"的年画作为一个原型，将其中的颜色洒满个个空间，按各种比例涂抹在大大小小的洞口及立面上，提取"几何线条"这一要素贯穿于各个空间，手法纯粹，表达极致。

根据不同空间的功能，颜色在明度与纯度上都有不同的处理，线条的粗细与多少也随之变化，有一种万变不离其宗的奇妙感。

图9-61 书房

图9-59 配色方案

图9-60 客厅

图9-62 卧室与过道

图9-63 卧室

过廊的拱形结构为空间节奏做铺垫，并加大了采光面积。它的存在串联了整个空间的动线，仿佛一条纽带，贯穿多个区域。这一取材于西式建筑的装饰元素，不仅平衡了墙面与地板横平竖直的线条，更使得空间的观感更加柔和。门拱与墙壁的撞色设计，也为祥和的空间平添了一分活泼的气氛。

图9-65 书房

图9-64 楼梯间

图9-66 餐厅

9.2.5 别墅软装设计案例

南京九间堂别墅样板间（梁志天作品）

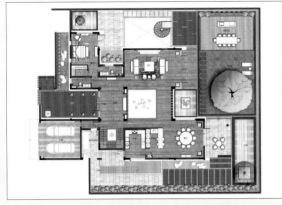

图9-67 一层平面图

图9-68 二层平面图

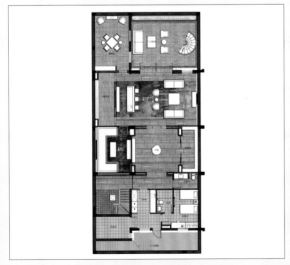

图9-69 三层平面图

玄关一组淡金色的案几雕塑映入眼帘，天圆地方的抽象造型寓意和谐与完满。

客厅以纹理丰富的蓝贝鲁大理石饰墙，宛若徐徐展开的水墨画卷，清雅写意。由法国艺术家麓幂先生精心创作的巨幅挂画，以明朝皇室妃子的背影和发髻之美为创作灵感，衬上中国传统布料与刺绣，隐约间透着未知的神秘，仿佛道不尽的六朝旧事般悠远绵长。色彩斑斓的地毯上，摆放着简约舒适的米色沙发；一对中式扶手椅与真火壁炉相对而置，配合落地窗引入的和煦日光、绿意浓浓的庭院景致，焕发一室盎然生机。

齐整有序的白影木格栅排列于中空天花及过道墙身，将会客空间与用餐区域分隔两端。一组金色的弧形吊饰错落有致地垂悬于中空，如香炉紫烟氤氲升腾。

餐厅地台沿用富有水墨肌理感的银灰洞石，搭配深色的餐桌及餐椅，衬上一盏中式艺术吊灯，倍显尊贵雅致。厅侧背景墙以具地方特色的雨花石为装饰画主题，配合手绘的水波涟漪，于现代风尚中流露几分温婉秀雅的东方情怀。

毗邻的备餐区设有功能完善的中、西厨，加上雪花白大理石吧台，让户主轻松自在地沉浸于弄厨之乐，或与家人惬意地享用温馨早点。

图9-70 入口和玄关

图9-71 客厅

图9-72 中空天花和过道

图9-73 餐厅关

二层家庭室，一张时尚简约的金色树桩茶几摆放在饰有涟漪图案的地毯中央，饶富生趣。深色的木饰面装饰柜衬以水墨画移门，兼具电视柜和迷你吧的功能。透过一列半通透的中式金属屏风，令视线得以延伸，与开阔敞亮的客厅遥相呼应。

图9-74 家庭室

主人套房选用蓝色银丝底布及镜底夹丝玻璃，由古铜色不锈钢和深色皮组成的书架，加上造型简洁别致的家具，营造俊逸尔雅的书香氛围。卧室的床靠背景墙饰以

蓝、金色的手绘植物图案墙身扪画，与蓝、白相间的花卉地毯互为映衬，为房间注入清新宜人的自然气息。

图9-75 主人套房

其他睡房皆贯彻温馨雅致的风格，睡房1以水墨油画床背幅搭配绿色花卉地毯，于沉稳中焕发和谐自然的气氛；睡房2以镶嵌黑钢条的粗肌理布料饰墙，陪衬极具韵味的白色亮光漆中式床头柜，平添几分时尚玩味。

图9-76 睡房1

图9-77 睡房2

室内软装设计
与项目管理

144